城市灾害风险评估及防控研究

——以深圳市为例

主　编　吴　锋

副主编　褚艳玲　姜刘志

中国环境出版集团・北京

图书在版编目（CIP）数据

城市灾害风险评估及防控研究：以深圳市为例/吴锋主编. —北京：中国环境出版集团，2021.7

ISBN 978-7-5111-4781-3

Ⅰ. ①城… Ⅱ. ①吴… Ⅲ. ①城市—灾害—风险评价—深圳②城市—灾害防治—研究—深圳 Ⅳ. ①X4

中国版本图书馆 CIP 数据核字（2021）第 129870 号

出 版 人 武德凯
责任编辑 李兰兰
助理编辑 谭嫣辞
责任校对 任 丽
封面设计 宋 瑞

更多信息，请关注
中国环境出版集团
第一分社

出版发行 中国环境出版集团
（100062 北京市东城区广渠门内大街 16 号）
网 址：http://www.cesp.com.cn
电子邮箱：bjgl@cesp.com.cn
联系电话：010-67112765（编辑管理部）
010-67112735（第一分社）
发行热线：010-67125803，010-67113405（传真）
印 刷 北京建宏印刷有限公司
经 销 各地新华书店
版 次 2021 年 7 月第 1 版
印 次 2021 年 7 月第 1 次印刷
开 本 787×960 1/16
印 张 11.25
字 数 200 千字
定 价 98.00 元

《城市灾害风险评估及防控研究——以深圳市为例》
编 委 会

前 言

进入21世纪以来，全球气候变化加剧，再加上频繁的人类活动，世界各地灾害事件频频发生，各种新型灾害不断出现，使人类本已十分脆弱的生存环境变得更加恶劣。城市是资源消耗、环境污染和人口分布的集中区域，是人类能量、物质、活动和信息交流的重要承载体，许多全球性灾害风险集中体现在城市地区。近年来，城市区域，特别是快速城市化地区，重大灾害事件的发生愈加密集，城市脆弱性不断增强，导致各类“慢性城市病”进入突变和高发期，对社会、经济、政策及生态环境均产生了不同程度的影响。据统计，全球每年约有2亿人口遭受各种灾害威胁。频发的灾害不仅严重危胁着人类的生命与财产安全，影响生产活动，而且会诱发次生性灾害，影响社会的发展与稳定，甚至引发社会恶性群体事件，导致社会动乱。城市灾害问题已经成为当今世界广泛关注的重大问题。

本书分为理论研究篇、实证分析篇两部分，共8章，系统介绍了城市灾害、城市灾害风险、城市灾害风险识别与评估、城市灾害风险防范对策相关理论，并以深圳市为例，开展城市灾害风险识别、评估及防范管理对策的实证研究。理论研究篇包含第一章至第四章，第一章主要介绍灾害和城市灾害的相关概念、分类、基本成因、特征与规律；第二章详细介绍了城市气象灾害、城市地质灾害、城市事故灾害和公共卫生灾害这四大类常见的城市灾害类型；第三章总结归纳了城市灾害风险识别与评估的主要内容及方法，并具体介绍了城市风灾、城市内涝灾害、城市高温灾害、城市地质灾害和城市火灾这五种典型城市灾害风险的具体评估方法及应用成效；第四章总结归纳了四大常见城市灾害风险的防范与应急管理措施，并以贵州省黔西南州兴义市、香港特别行政区、美国纽约市、日本川崎市等城市为典型案例，研究这些城市应对城市灾害风险方面的具体做法。实证分析篇包含第五章至第八章，以深圳市为例，在充分总结借鉴国内外城市灾害风险相关研究成果的基础上，系统梳理深圳市历年气象灾害、地质灾害、环境污染和生物入侵灾害等的发生情况，并对这些灾害带来的风险进行深入评估，剖析深圳城市灾害风险的总体特征及变化情况，并立足深圳实际，分别从灾害风险综合管理机制以及气象灾害、地质灾害防御等方面提出具体的深圳城市灾害风险防控对策与建议，以期为增强深圳市城市灾害应对能力、最大限度地减少城市灾害损失提供理论依据与重要支撑。

城市灾害是影响城市安全与未来可持续发展的重要因素，开展城市灾害风险识别与评估是城市防灾减灾及综合管理的必要前提。在此基础上，开展城市灾害风险的防控策略研究，探讨城市人地系统和谐共生的重要科学途径，是学科前沿的重大科学问题，同时也是亟待加强的薄弱研究领域。本书在前人大量工作实践及研究成果的基础上展开对城市灾害风险的研究，受水平所限，虽经过多次修改与完善，但不足之处在所难免，编委会热忱希望得到广大读者以及各领域专家、学者的批评指正。

编委会

2020 年 9 月

目　录

理论研究篇

实证分析篇

理论研究篇

第一章

城市灾害基本概述

“祸兮，福之所倚；福兮，祸之所伏”。人类的生存与发展总是与灾害相伴，灾害的历史与人类社会发展的历史一样悠久。随着社会的发展、人口的增多、城市化进程的加快，灾害造成的损失和影响也在不断升级，灾害已成为人类发展面临的一项重大挑战。为此，联合国提出“国际减灾战略”（ISDR），旨在通过国际社会的一致努力，将各种灾害造成的损失减轻到最低限度，提高社会对灾害的抗御能力，由对灾害的简单防御转变为对灾害风险的综合评估管理。

所谓“知己知彼，百战不殆”，想要做好城市灾害风险的识别、评估及防御工作，我们就要了解什么是灾害，什么是城市灾害，城市灾害的类型、特征和规律是什么，以及城市灾害可能给城市带来哪些危害。本章将对城市灾害的相关理论知识进行介绍，便于读者对城市灾害有一个基础认识。

第一节　灾害相关概念

一、灾害

随着科学技术的进步，人们对灾害的认识日益深化，有关灾害方面的研究也在不断加深，越来越多的国内外学者开始研究灾害。关于灾害的定义，不同的学者提出了各自的观点。

在灾害学领域，美国灾害社会科学研究的先行者 Fritz（1961）认为灾害是一个具有时间—空间特征的事件，对社会或者社会其他分支造成威胁和实质损失，从而造成社会结构失序、社会成员基本生存支持系统的功能中断。Smith R.（2005）认为灾害事件首先带来的是死亡和损失，进而造成社会、政治、经济的中断。我国学者李永善（1986）将灾害从狭义和广义上分别定义。从狭义上来讲，灾害通常被解释为给人们财产、生命造成损失的一种自然现象，而且多属突发过程；从广义上来讲，一切对人类繁衍生息的生态环境、物质和精神文明建设与发展，尤其是生命财产等，造成较大（甚至灭绝性的）危害的天然和社会事件均可称为灾害。史培军等（1989）认为灾害是自然系统与人类物质文化系统相互作用的产物，没有人员伤亡及财产损失，任何事件都不能构成灾害，因此，灾害是由某种不可控制或没有采取控制的破坏因素引起的，突然或在短时期及一定时期内造成一定规模的人员伤亡和物质财富破坏的现象。罗祖德等（1996）提出灾害是由于自然因素、人为因素或二者兼有的因素给人类的生存和社会的发展带来不利后果的祸害。

国内外学者对"灾害"一词形成的共识为：灾害的受体是人及与人相关的生存环境；造成一定程度的破坏、人员伤亡及财产损失；由自然、人为因素或二者共同作用。因此，可将灾害定义为由自然因素、人为因素或二者共同作用引起的给人类生命、财产及生存环境造成一定程度破坏损失的现象。

（一）灾型、灾类、灾种

1．灾型

灾型为灾害发生前的致灾原因类型。灾害发生的原因有很多，根据各种致灾原因在地球系统中所承担的角色、起到的作用、重要程度及其表现形式的不同，可将致灾原因归纳为自然原因和人为原因。因此，灾型可分为自然灾型与人为灾型两类。自然灾型是由自然自身作用产生的，以自然变异为主因；人为灾型是人类作用影响自然而产生的，以人为影响为主因。有些灾害是由自然、人为因素共同作用导致的，可根据其主要影响因素的比重进行灾型划分。

2．灾类

灾类为灾害发生过程中的发生环境类别。地球本身是一个巨大的系统，从结构层次上可以划分为大气圈、水圈、岩石圈、生物圈。因此，根据各种灾害发生在自然界各圈层中的位置，即发生环境（孕灾环境）来进行分类，自然灾害和人为灾害又可依次分为气象类灾害、水圈类灾害、地质类灾害和生物类灾害四大类。其中，气象类灾害是指发生于大气圈的各种灾害；水圈类灾害是指发生于水圈的各种灾害；地质类灾害是指发生于岩石圈的各种灾害；生物类灾害是指发生于生物圈的各种灾害。

3. 灾种

灾种为灾害发生后的后果特征类型。灾害发生后都会表现出不同的受灾后果特征，根据各自的后果特征便可确定灾种。自然灾害的种类较为繁多，如地震、台风、暴风雪、洪涝、雷暴等；人为灾害的种类虽然没有自然灾害的种类那么复杂，但其影响较大，必须引起重视，如过度采伐森林引起的水土流失、过度地下开采或施工导致的地面坍塌、任意排放污染物造成的环境污染等。

（二）原生灾害、次生灾害、衍生灾害

最早发生的、起作用的灾害称为原生灾害，而由原生灾害发生时诱导出来的、与之相伴的灾害则称为次生灾害。如地震为原生灾害，随之产生的滑坡与海啸则为次生灾害。灾害发生后破坏了人类生存的和谐条件，由此还会衍生出一系列的其他灾害，这些灾害泛称为衍生灾害。如地震的发生使社会秩序混乱，出现烧、杀、抢等犯罪行为，使人民生命财产再度遭受损失；大旱之后，地表与浅部淡水极度匮缺，迫使人们饮用含氟量较高的深层地下水，从而导致人们得了地氟病，这些都属于衍生灾害。次生灾害和衍生灾害都是相对原生灾害而言，是由原生灾害引致的灾害。原生灾害，尤其是等级高、强度大的原生灾害会造成严重的人员伤亡和财产损失，而次生灾害与衍生灾害有时比原生灾害的危害还大。

（三）灾害群、灾害链

1. 灾害群

灾害群是指多种灾害在空间上群聚、时间上群发的现象，可用来衡量在某一特定区域或时段内灾害聚集程度的严重性。通常情况下，灾害的发生并不孤立，而是常在某一地区或某一时间段集中形成多种灾害构成的灾害群。史培军等（2014）认为根据灾害在空间和时间异质性分布特征，灾害群可分为空间群聚和时

间群发两大类别。空间群聚和时间群发的严重性可分别用多度［式（1-1）］和频度［式（1-2）］来衡量：

$$\mathrm{SC} = n / N \tag{1-1}$$

$$\mathrm{TC} = t / T \tag{1-2}$$

式中：SC —— 空间群聚的严重性，即多度；

n —— 特定区域内所有已经发生过的灾害总数；

N —— 在所有研究区域内所有已经发生过的灾害总数；

TC —— 时间群发的严重性，即频度；

t —— 在特定时段内所有已经发生过的灾害总数；

T —— 整个历史时期所有已经发生过的灾害总数。

不管灾害是空间群聚还是时间群发，都可以认为灾害间是彼此独立的，即各致灾因子之间不存在成因上的联系性。

2．灾害链

灾害链是因一种灾害发生而引起的一系列灾害发生的现象。一些强度较大的灾害，会诱发或引起一系列的次生灾害与衍生灾害，形成灾害链，通过链式效应不断扩大其影响范围。灾害链的产生需满足 2 个条件：①灾害事件发生后产生新的致灾因子；②新的致灾因子作用于承灾体。灾害链中多种灾害的发生具有一定的时序性，即原生灾害在前、次生灾害在后，并且原生灾害与次生灾害之间存在直接的因果关系。灾害链的形成如图 1.1 所示。根据链式特征可以将其分为并发性灾害链与串发性灾害链（图 1.2）。灾害群的致灾程度是各个单一致灾因子致灾程度的总和，灾害链的致灾强度具有累加效应，其致灾程度大大超过其关联的各致灾因子致灾程度的总和。

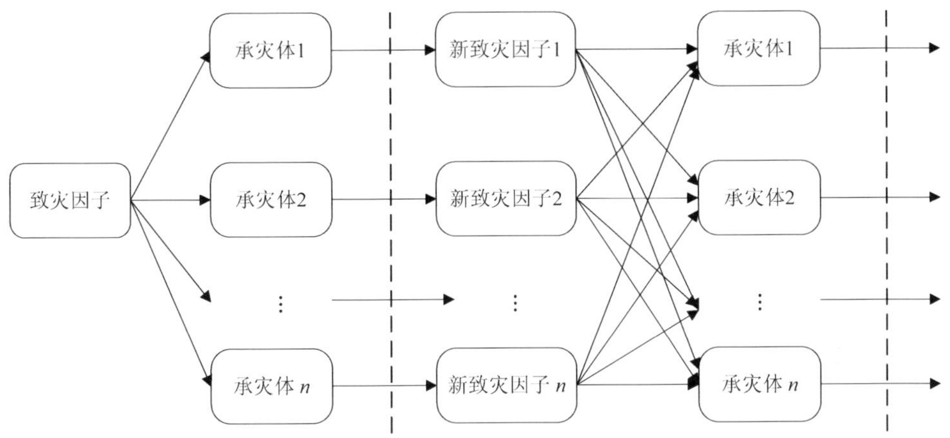

图 1.1　灾害链形成机理（刘爱华，2013）

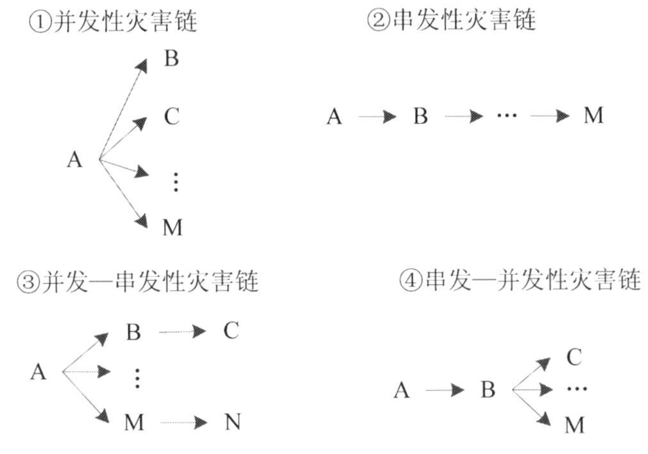

图 1.2　灾害链图示（A 表示原生灾害，其他字母表示次生灾害）

二、灾害系统

灾害群与灾害链交织在一起形成了灾害系统（殷杰，2008）。灾害系统的形成是地球系统与社会系统之间发生激变的一种反应，与太阳、地球的活动，以及与其相关联的各圈层物质的同步变异和相互影响有关，涉及人口的增长、资源的开发、环境的变化、社会经济的发展。随着对灾害系统的深入研究，诸多学者对其组成进行了论证和辨析，最为广泛接受的观点认为灾害系统是由孕灾环境、致灾因子、承灾体三个要素组成（史培军，1991；Blaikie et al.，1994；仪垂祥等，1995；高庆华，2008；UNISDR，2009；尹卫霞等，2012；姚国章等，2014），三者共同决定灾害系统造成影响的严重程度。

（一）孕灾环境

孕灾环境是由大气圈、水圈、岩石圈（包括土壤和植被）、生物圈（包括人类社会圈）所构成的综合地球表层环境，是由自然与社会多因素相互作用而形成的。其形成过程并非简单的要素叠加，而是具有耗散特征的物质循环、能量循环以及信息与价值流动的过程，即存在过程—响应关系。孕灾环境既可作为灾害孕育、发生、发展、变化等一系列过程的基底，又可作为人类生产、生活的场所。孕灾环境的稳定程度是标定区域孕灾环境的定量指标，地球表层的孕灾环境对灾害系统的复杂程度、强度、灾情程度以及灾害系统的群聚与群发特征起着决定性作用。

（二）致灾因子

致灾因子决定了灾害系统的类型。致灾因子产生、孕育于孕灾环境之中，是指对人类生命、财产、社会、环境、生态等造成损伤的各种异变因子，包括自然致灾因子、人为致灾因子、环境致灾因子、生物致灾因子、技术致灾因子五大类。自然致灾因子主要是由于地球系统中大气圈、水圈、岩石圈中各系统和环境要素异变所致，其产生的主要灾害类型包括地震、台风、洪水、干旱、风暴潮等；人为致灾因子是由于人类自身行为所产生，主要灾害类型有社会动荡、经济衰退、恐怖袭击、战争等；环境致灾因子源自人—地系统相互作用，产生的主要灾害类型包括全球变暖、污染、荒漠化、森林退化等；生物致灾因子主要由地球系统内生物圈所产生，其产生的主要灾害类型包括传染病、病虫害等；技术致灾因子来自人—机系统相互作用，主要灾害类型包括各种工程事故、结构故障等。致灾因子是灾害产生的充分条件，并且在城市灾害形成过程中具有累积效应，即通过灾害链放大某一灾害事件的严重程度。当致灾因子达到某种强度，作用于人类社会并造成灾害时，被称为危害；当它未作用于人类社会或作用于人类社会但带来的益处远远大于害处时，这些致灾因子被称为自然现象变异，如发生在无人区的地震和山洪、发生在干旱地区起到缓解旱情作用的暴雨等。

（三）承灾体

承灾体是致灾因子的作用对象以及灾害的承受对象，指人类及其活动所在的社会与各种资源的集合，包括人类及生命系统、各种建筑及其生产线系统、各种自然资源以及物质文化环境等人类活动的财富聚集体。承灾体是放大或缩小灾害的必要条件，承灾体受灾程度与致灾因子的强度和自身脆弱性有关。

灾害系统三个组成要素之间并非独立存在，而是相互联系的，某一区域的灾害不仅仅由其中一个组成要素所决定，任何一个要素的变化，都会对灾害整体形成影响。图 1.3 描述了灾害系统的组成。

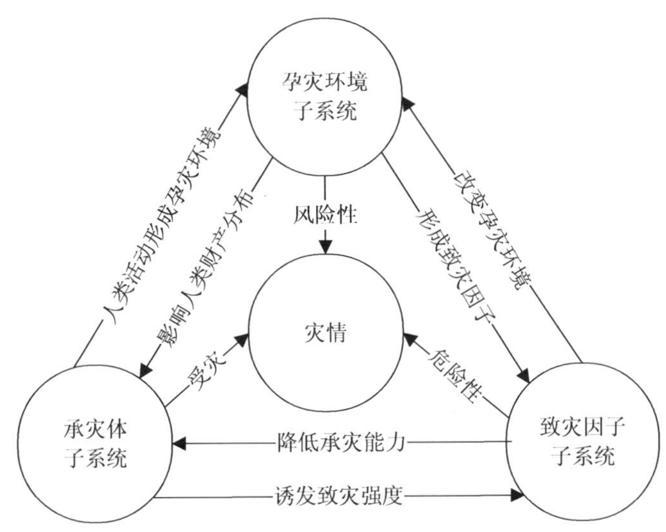

图 1.3　灾害系统的组成（姚国章等，2014）

第二节 灾害分类及特点

一、灾害的分类体系

目前，学术界对灾害的分类有多种方法，有马宗晋（1990）的自然灾害七大类划分法，即气象灾害、海洋灾害、洪涝灾害、地质灾害、地震灾害、农业生物灾害、森林灾害；宋乃平（1992）的灾害分类体系（四分法），即按灾害的成因、所属范围以及发生速度进行分类，分为自然灾害、人文灾害、突发性灾害、缓发性灾害；谢应齐（1995）的自然灾害五类划分法，即从发生原因出发，分为气象灾害、海洋灾害、地震与地质灾害、生物灾害、洪水灾害；此外，还有张波等（1993）的农业灾害分类体系、杜一（1988）的人为灾害划分法等。

显然，各学者对灾害的分类在某些方面表现出很大差异。七分法、五分法难免会有同一灾种在不同灾类中重复出现的情况，四分法又存在灾种遗漏现象，农业灾害分类体系和人为灾害划分法又只是单纯从农业及人为角度出发，涵盖范围不够全面。卜风贤（1996）提出灾害的三级分类体系，把灾害按照灾型、灾类、灾种三级层次进行划分归类，此法较为全面，但在具体分类上稍有冗长，不够精简。此后，王立丽等（2011）在此基础上，分析各灾害的成因、发生环境和受灾后果特征，将主要灾害归类为 2 种灾型、4 种灾类及多种灾种，优化了三级分类体系。三级分类体系涵盖全面，精简易懂，本书着重对此方法进行介绍。

灾害三级分类体系中灾型为分类体系的一级结构，灾类为二级结构，灾种为三级结构，具体分类见表 1.1。为便于理解，将灾害分类体系中各层间的关系表示如图 1.4。

表 1.1 灾害分类体系（王立丽等，2011）

灾型	灾类	灾种
自然灾害型	气象类灾害	干旱、暴雨、洪涝、台风、热带气旋、霜冻、寒潮、沙尘暴、雷电等

灾型	灾类	灾种
自然灾害型	水圈类灾害	风暴潮、海啸、海浪、海平面上升、海冰等
	地质类灾害	地震、火山喷发、泥石流、滑坡、地裂缝、冻融等
	生物类灾害	农作物和森林的病害、虫害、鼠害、非人为因素引起的森林草原火灾等
人为灾害型	气象类灾害	大气污染、温室效应、酸雨、臭氧层破坏等
	水圈类灾害	水体污染、赤潮等
	地质类灾害	土壤污染、水土流失、盐碱化、沙漠化、地面沉降、地面塌陷等
	生物类灾害	森林破坏、人为引起的森林草原火灾等

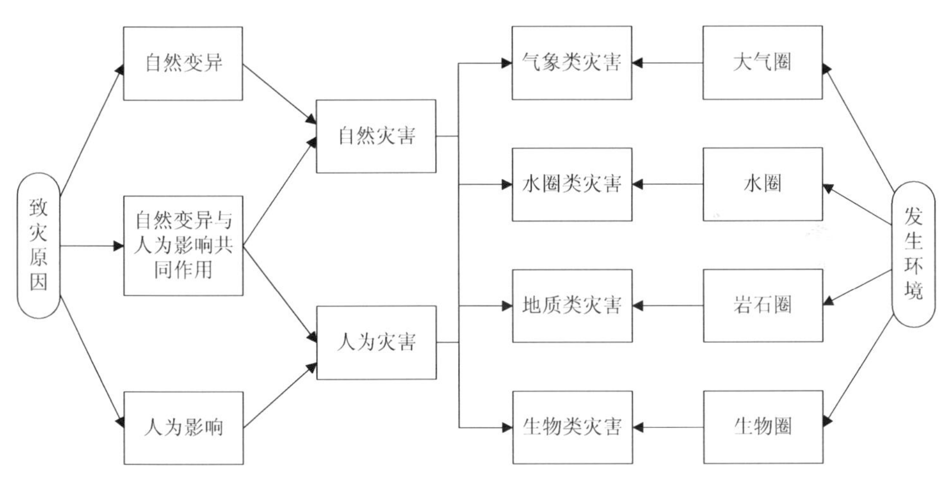

图 1.4　灾害分类体系关系（王立丽等，2011）

二、灾害的特点

灾害的发生易造成社会财产损失、人员伤亡，想要深入了解灾害，就要知道灾害有哪些特点，以便根据其特点做好相应的防范措施。本书在结合众多学者对灾害特点研究的基础上，总结得出灾害具有种类多、群发性强、分布广、潜在危害影响大、灾害损失增长迅速等特点（史培军等，1989；申曙光，1994；杨继东，1995；彭珂珊，2000；盛海洋，2003；李艳辉，2012）。

（一）种类多

自然环境的复杂多变以及人类活动对环境影响的不断深入，使得灾害的种类多种多样，其中既包括地震、海啸、火山喷发、山崩、热带气旋、台风等自然灾害，也包括由于人类的资源开发和工程建设引起的水库地震、矿山采空区塌陷、温室效应、工程事故、化学污染、核泄漏等人为灾害。可以预见，随着社会和科学的发展，灾害的种类还会不断地增加。

（二）群发性强

当某一种灾害发生时，同时会诱发各种不同的灾害，即出现多灾群发的局面，特别是等级高、强度大的灾害会引发灾害链及灾害群。如 1786 年康定—泸定磨西一带地震，造成 400～500 人死亡，由地震引起的山崩及滑坡使大渡河截流了 10 天之久，溃决后造成下游 1 400 km 范围内的水灾，致使 10 万余人死亡；20 世纪 60 年代到 80 年代初，非洲许多国家同时发生严重的旱灾、沙漠化、蝗灾和饥荒；1981 年 7 月，四川各地连降暴雨，发生特大洪涝灾害，119 个县市受灾，在受灾区同时还发生了数千处泥石流和 8.7 万多处滑坡事件。

（三）分布广

由于人类“控制”和“征服”自然的方式不断更新，能力也不断增强，人类活动向地球各圈层不断延伸，影响范围越来越广，使得地球各圈层的稳定性日渐减弱，灾害的分布也越来越广。第五次全国荒漠化和沙化土地监测结果显示，我国荒漠化面积为 261.16 万 km^2，占国土面积的 27.20%；《国家防震减灾规划（2006—2020 年）》指出，我国 50%的国土面积位于Ⅶ度以上的地震高烈度区域；温室效应、臭氧层破坏及酸雨灾害的危害范围已遍布全球。

（四）潜在危害影响大

大部分灾害都是突发性的，其成灾过程迅速，并在短时间内产生直观的危害。但有些灾害是相对迟缓的，其成灾过程缓慢，难以被人们察觉，一旦达到一定程度，其产生的影响不可估量。如水土流失、沙漠化、土壤侵蚀等，虽不像洪水、地震那样瞬间造成巨大的生命和财产损失，但它却悄无声息地破坏着一个国家、地区的生态基础。在现代社会，自然资源的利用度越来越高，资源的再生能力和环境的自净能力是有限的，在人口增长和人们生活需求水平提高的双重压力下，部分资源被过度开发而日趋枯竭，有的甚至已经枯竭，有些资源需要几十年甚至几百年才能恢复，有的则永远无法恢复。资源环境的恶化不但直接危害着当代人的生存与发展，还会贻害子孙后代，削弱了他们的生存发展条件，给人类带来极其深远的影响。

（五）灾害损失增长迅速

随着工业和城市化的迅速发展、社会财富的不断增加，人类的生产力水平得到了空前提高。为了满足人们生活需要，人们开始掠夺式地开发自然资源，并肆无忌惮地排放废气、废水、废渣等，这些做法不但增加了人类遭受灾害的机会，还会造成严重的灾害损失。2010 年我国共发生地质灾害 2.99 万起，与 2009 年相比，地质灾害发生的数量、造成的人员死亡失踪和直接经济损失分别增长了 1.8 倍、5.5 倍和 2.7 倍。瑞士苏黎世发布的统计报告指出，2017 年全球因自然灾害造成的经济损失高达近 3 000 亿美元，相较 2016 年大幅上升了 60%；全球有 980 万英亩[①]的土地被烧毁，主要集中在欧美地区，比往年平均值增加了近 50%。有专家认为，在城市经济发展的快速上升阶段，经济总量翻一番，灾害损失将增加 2～3 倍。

第三节　城市灾害相关概念

一、城市灾害

作为人口、建筑、企业、交通、通信、政治等要素集中的中心和复杂系统，城市地区经济社会的易损性和灾害连发性远高于非城市地区。当各类灾害风险源发挥作用时，城市便成为最脆弱的承灾体，城市灾害由此发生。城市灾害是以城市系统或其子系统作为灾害事故承灾体的灾害类型（王绍玉等，2005），一般是指

① 1 英亩=0.404 685 6 hm^2。

城市主体在内部演变或外界作用或者两者共同耦合作用下，超出城市自身承载能力或应对能力，以致城市系统的结构或者功能受到破坏，人类生命、财产甚至是生态环境遭受损失的现象或过程（李树刚，2015；于洋等，2014；唐波等，2012）。城市灾害涵盖范围广泛，不仅包括发生在城市区域的灾害，还包括由城市引起的、发生在非城市区域的灾害（Crichton，1999），如水灾、火灾、旱灾、爆炸、交通事故、化学品泄漏、动乱和恐怖袭击等。

作为人造生态系统，城市必须依靠道路、管线等生命线设施进行支撑和运行，灾害的发生易造成城市系统功能破坏，从而使整个城市陷入瘫痪。事实表明，城市灾害风险的增长与人口的集中以及经济发达程度存在密切关联，城市化程度越高的地区面临的易损性风险因素也越大（郭济，2005）。随着与经济发展相伴而生的城市灾害隐患的增多，原有致灾因素与致灾源不断外延和激化，人为因素导致的城市灾害频率呈非线性提高，灾害规模也随之增大。根据相关调查资料及数据，近几年来我国每年发生各类伤亡事故及城市灾害 100 多万起，死亡人数 30 万人左右，仅 2009 年我国因气象灾害造成的损失就高达 2 500 亿元（Asian Disaster Reduction Center，2000）。城市地位的重要性和面临灾害的高风险性，促使城市灾害研究受到社会各界的广泛关注。

二、城市灾害系统

与灾害系统类似，城市灾害系统同样包含城市孕灾环境、城市灾害源及城市承灾体三个子系统（图 1.5）。作为人口聚集度极高的场所，城市区域内环境系统较大程度上受人及相关的社会经济活动共同影响，其灾害系统组成要素涵盖范围和内容较灾害大系统有一定差别。

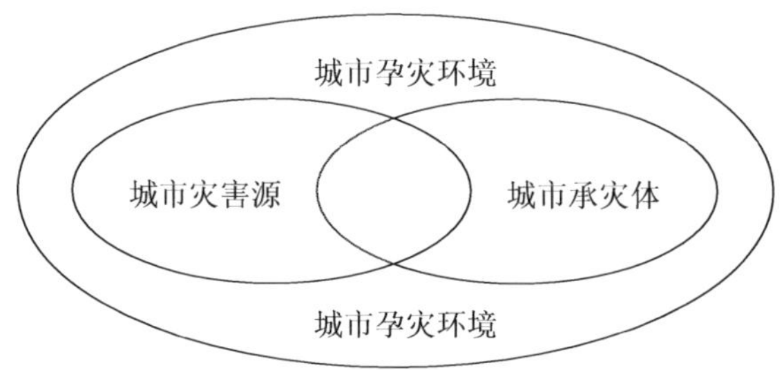

图 1.5 城市灾害系统结构

1．城市孕灾环境

灾害孕灾环境为综合的地球表层环境，城市灾害系统的孕灾环境则为城市区域内的自然生态环境和社会经济系统，由自然环境变化与人类活动叠加构成，其中人为活动的影响起主要作用。城市系统范围内物质与能量、信息与价值的流动远超非城市地区，其孕灾环境包含更为复杂的自然要素、人为要素及二者的耦合关系。

2．城市灾害源

城市灾害来源复杂且广泛，大致可分为三个方面，一是城市环境系统以外的地球巨系统中，环境变化所导致的自然和生物致灾因素；二是城市环境系统内部，人类活动造成的人为致灾因素；三是城市区域内，社会经济系统与自然环境系统共同作用形成的混合环境致灾因素。随着工业化进程的推进，人类及其对自然环境的开发利用活动造成的破坏和影响，已成为各种类型的城市灾害事件的主要致灾因素。

3．城市承灾体

城市承灾体是指承受城市灾害影响及破坏后果的人类活动及财富聚集体，由具体的受灾个体或城市子系统组成。城市承灾体可分为实体承灾体和非实体承灾体，前者包括各类建筑物及生命线系统，后者则包括城市经济系统、环境系统、社会系统等。由于人文、社会、自然环境的结构和组成受人为活动控制和影响较深，城市这种“庞大臃肿”的承灾体，具有较高的脆弱性和易损性。

第四节　城市灾害基本成因及特征

一、城市灾害的基本成因

城市灾害的形成与城市本身的特点有着内在联系。纵观人类发展史，大部分城市灾害其实是人类自身开发自然资源的过程中带来的，是区域发展中普遍存在的一种现象。除自然环境外，城市还具有人类生活的集中地、物质材料和精神产品的特殊产地等特征，是包含社会、经济、文化和自然等要素的统一体，这些特点使得城市成为灾害和风险的频发点。总体上，城市灾害的基本成因可分为自然生态成因与社会经济成因两大类。

（一）自然生态成因

一般情况下，自然生态系统处于有规律的运动中，维持着一定的物质循环、能量流动和信息传递，并通过这种过程维持自身结构的相对稳定，使之能够正常地行使功能，即自然生态系统具备自我调节能力。城市是人类改造自然环境的产物，其自然过程的成分大部分消失，被各种各样的人工过程取代。这一转换使得自然生态系统丧失了主要的自我调节功能，导致自然生态系统中发生能量和物质的异常积聚、释放、转化，能量和物质分布不均，物质和状态的突变等异常状态，当这种异常达到一定程度，会导致系统的结构发生改变，使之不能正常地行使功能，于是就有可能发生城市灾害。

（二）社会经济成因

人类的社会经济活动，包括人类日常生活活动、工农业生产、交通运输、军事和科学技术活动等，都能直接或间接地引发城市灾害。如在交通建设、矿山开采、水利开发和城市建设中，大量开挖山体和堆填土石方常常会导致山体滑坡；超量抽取地下水引起地面沉降；多种工程和经济活动会引起水库地震、油田地震和煤田地震等人为性地震；工业伐木、毁林开荒、不合理的耕作、过度放牧等会导致严重水土流失；工业污染源、农业污染源和生活污染源的任意排放会导致大气、水体、土壤环境灾难性污染等。城市社会经济活动的广度和深度不断扩大，引发城市灾害加剧或更加频繁地发生，各种新的城市灾害也不断出现。

自然生态系统的异常状态是城市灾害发生的内因，社会经济活动引起环境变化是城市灾害发生的外因。当然，“内因”和“外因”都是相对而言的，可以相互转化。在通常情况下，城市灾害的形成是由两者共同作用引起的。

二、城市灾害的特点与规律

世界上大部分城市都面临着一种或多种城市灾害的侵袭，现代城市的高速发展造就了城市及城市灾害的复杂性。随着经济的发展，城市之间的联系日益紧密，交流也日益频繁，城市内部各种人为活动的增加使得城市灾害的特点与表征进一步凸显。城市灾害主要体现出集中性、区域性、连锁性、隐蔽性的特点。

（一）集中性

作为一个地区政治、经济、文化中心和枢纽，城市具有人口密集、经济发达、各类设施高度集中的特点，洪涝、大规模火灾爆炸等突发性城市灾害的影响极易在短时间内迅速扩散，从而在集中区域内造成大量财产损失和人员伤亡。由于城市对灾害的放大效应，几乎所有的大灾大难都发生在城市。随着建设规模的不断扩大，城市区域内环境愈发复杂多变，新的灾害源以及承灾体的不断涌现，城市灾害发生的可能性也逐步增加，城市灾害及其影响的集中连片效应将更加明显。

（二）区域性

城市灾害的发生和影响虽集中在城市范围内，但不同环境下的城市灾害发生情况却不尽相同，表现出明显的区域性。一方面，在较大自然灾害发生时，常出现多个城市受同一个灾害影响的情况，如 2008 年汶川地震除主要影响汶川县以外，还波及北川、青川等地，此时的灾害防御和治理工作就不仅仅局限于某一城市；另一方面，受地理环境的影响，城市灾害在空间上呈现一定的地域差异和特色，如临海地带多为城市密集、产业林立、人口数量庞大的地区，本身生态环境较为脆弱，城市发展给环境带来的各种负面影响使得该区域既有来自陆地灾害的风险，又面临海洋灾害的威胁；不同地形、板块交接地带则是城市地质灾害多发地带；内陆高温地区则易发生高温、干旱灾害等。

（三）连锁性

现代城市各子系统间在空间上和功能上均高度关联，相互间具有很强的依赖性。城市内部承灾体众多，城市基础设施、建筑及人类活动等要素彼此之间的作用和影响效果明显，任何一次强度较大的灾害都可能引发多种次生或衍生灾害，形成城市灾害链和灾害群，如滑坡、泥石流等导致的地面坍塌、生命线系统崩溃灾害，城市内涝长期积水导致的疾病传播灾害等。此外，城市灾害的连锁性特征导致系统形成多重反馈环，反复的振荡影响过程易扩大城市灾害影响范围，加深灾害影响程度。例如，城市火灾极易引起爆炸，而爆炸会造成火势的扩散和蔓延，可能引起新的爆炸风险，从而带来更深程度的破坏和影响。

（四）隐蔽性

城市系统的复杂性使得较多灾害诱发因素与致灾隐患具有极强的隐蔽性，如疾病传播、地面沉降、水土流失等灾害，潜伏期长，能量释放缓慢，凭借一般的手段在短时间内难以准确进行识别和判断，需要长时间的监测预防。同时，地震、暴雨洪涝等灾害发生的时间、地点、强度等具有随机性和不确定性，以目前的科学技术较难对其发生和影响进行全面、准确的评估。

第二章
常见城市灾害类型

城市灾害分类是指根据城市灾害发生的来源、形成机制、表现形式等因素对灾害类型进行划分和界定，是防灾减灾工作的基础。近年来，国内外学者通过对城市灾害的研究，提出了多种多样的城市灾害分类标准，如按灾害成因不同划分的城市自然灾害和人为灾害；按灾害受体不同划分的城市个体灾害和群体灾害；按城市系统对灾害的承载能力不同划分的城市可接受灾害、可控制灾害及不可接受灾害；按灾害事件和影响后果划分的持续性灾害和灾难性灾害等（唐川，2003）。随着社会经济的发展，城市面临的灾害种类也在不断发生变化，以学术界已有研究成果为基础，通过分析城市灾害的来源及诱导因素，本书将目前在城市中发生的主要灾害划分为城市气象灾害、城市地质灾害、城市事故灾害、公共卫生灾害共四大类。

第一节　城市气象灾害

城市气象灾害是指由于气象要素或其组合的异常，对城市居民的生命和健康、城市建筑和设施、城市各行各业生产与社会活动以及城市资源与生态环境造成损害的各类灾害性事件（王迎春等，2009）。城市区域内涵盖了自然环境及社会人文等多类要素，其下垫面和局部微循环的改变，对气象灾害发生的环境、强度和频率均有不同程度的影响。快速城市化导致城市下垫面发生改变，产生的局部大气环流加速了极端气候条件的产生，对城市气象灾害的影响有扩大作用。由于城市系统的脆弱性，一些不明显的气象要素异常也可以造成比较严重的经济损失或较大的社会影响。按致灾因子的不同，城市气象灾害主要可分为城市风灾、城市内涝灾害和城市高温灾害三类。

一、城市风灾

（一）基本概述

城市风灾是指发生在城市地域的强风对高层建筑、电力设施、交通运输等各行业生产和人民生活造成影响和破坏的灾害事件。常见的城市风灾包括冷锋大风灾害、雷雨大风灾害、台风灾害及龙卷风灾害等，其中以台风灾害的危害最为严重。各类风灾的发生时间、形成机制、致灾因素与成灾特点不尽相同。冷锋大风为冷空气向暖区快速移动过程中、锋面通过后天气发生剧烈变化产生，如冬季的寒潮大风，出现频率高，持续时间长，影响范围广。雷雨大风多为冷锋过境以及地形或地热对流导致，突发性强、风力大，持续时间短，往往伴随着雷雨和冰雹。台风是产生于热带洋面上的一种强烈发展和移动的气旋性涡旋，对城市的影响主要来自过境或登陆时带来的强风、暴雨及风暴潮等，突发性强、季节性和区域性明显，发生前可及时进行预测。龙卷风则由小范围的空气强烈旋涡形成，主要出现在夏季，生消迅速但破坏力极强。

我国是世界上城市风灾多发国家之一，除西部内陆边远省区外，全国大部分地区都有台风及龙卷风的踪迹，东南沿海地区平均每年登陆的台风有 7 个，最多年份高达 12 个。此外，北方地区冬季、春季、秋季的冷空气活动频繁，冷锋大风常常出现，雷雨大风一般出现在 6—9 月。经济的高速发展使得资源和环境问题日益突出，城市风灾发生的频率、强度、规模及影响日益增大，近年来，城市风灾防范工作越来越受到人们的关注和重视。

（二）主要特征

城市风灾发生的频率较高，几乎一年四季都有出现，次生灾害产生的可能性大、影响范围广且灾情严重。国际十大自然灾害统计结果表明，风灾发生次数最多，造成死亡人数最多及经济损失最大。此外，发生在我国大部分地区的城市风灾还呈现出极强的季节特征，夏季主要为台风及其衍生的雷雨大风天气，冬春季节则以寒潮大风为主。大部分城市风灾具有区域性，其中城市地理位置和建筑环境的影响较为明显，如龙卷风灾害主要发生在20°～50°的中纬度地区，台风灾害则主要发生在沿海地区城市。

（三）造成的影响

随着经济的快速发展和大规模的城市建设，城市特别是大城市高楼林立、建筑物过密形成“狭管效应”，使得局部地区短时间内的大风强度和频率有所加大。城市风灾带来的直接影响不仅仅是恶劣的天气状况，还包括城市各类设施损毁、房屋建筑破坏等，各类危旧房、工棚、临时建筑、围墙、广告牌、游乐设施、建筑施工中的吊机、电梯、脚手架等在强风中易被刮倒或折断，易造成人员伤亡。此外，城市各系统间相互依存的关系使得城市风灾的破坏和影响不仅局限于单一区域或某一方面，更多的是对城市生产生活的间接影响。高压铁塔被刮倒损坏，可造成停电事故或火灾；大风可颠覆车辆船只或使交通工具失控，造成交通事故或海难；冬春季节大风还可刮起地面沙尘，使空气质量恶化，对大气环境造成影响。城市风灾产生的一系列连锁反应、次生和衍生灾害，在危害当地居民的同时，也会影响城市周边地区的经济生活和社会稳定。

专栏1　重大城市风灾事件

- 1991年4月，热带风暴袭击孟加拉国，并引发洪水泛滥，造成大约13.8万人死亡。
- 2005年8月，“卡特里娜”飓风在美国南部沿海地区登陆，造成1 300多人死亡，100多万人流离失所和巨大物质财产损失。
- 2007年11月，热带风暴“锡德”在孟加拉国南部和西南部地区登陆，导致800多万人受灾，4 000多人死亡或失踪，经济损失逾23亿美元。
- 2012年3月，我国新疆维吾尔自治区乌鲁木齐市9级大风造成的高空坠物事故，致使3人死亡，近80人受伤，多辆汽车被砸坏、砸毁。
- 2016年9月，台风“莫兰蒂”在我国福建省厦门市登陆，导致厦门市65万棵树倒伏，房屋损毁17 907间，直接经济损失102亿元。

> ➢ 2018年9月，台风“山竹”于我国广东省台山市海宴镇登陆。
>
> （1）特点：强度强，中心风力达17级以上；强风范围大，直径范围达1 000 km，七级风圈半径达350～600 km；风雨影响严重，广东南部、香港、澳门、广西南部、海南岛、云南南部等部分地区有大暴雨，局地有特大暴雨；大风极端性较强；
>
> （2）影响：造成广东、海南两省68个县（市、区）107.9万人受灾，农作物受灾面积471 km^2，倒塌房屋78间，死亡4人，直接经济损失52亿元。

二、城市内涝灾害

（一）基本概述

城市内涝灾害是指由于强降水或连续性降水超过城市排水能力，致使城市内产生积水灾害的现象。作为城市水循环紊乱的极端表现，城市洪涝灾害的影响因素具有自然和社会双重属性。自然因素方面，全球气候变化改变了城市局部气候特征，增加了城市极端暴雨天气产生的概率（王欣，2018）；社会因素方面，城市化引起的“雨岛效应”增加了城市降雨频率和强度，给城市排水系统造成了巨大压力；此外，城市功能区规划不合理、雨水回收利用基础设施缺乏、防洪调度管理水平低等人为因素，也是造成城市内涝灾害多发的重要因素。建筑施工、河道整治、道路及下水管道铺设等大量市政工程建设破坏了城市地表原有植被，城市不透水面积增加导致地表径流蒸发、截流和下渗减少，暴雨天气频发以及排水设施建设落后使得城市内涝已成为制约城市发展的重要因素之一。

逢大雨必涝，已成为现代很多大城市的通病。我国大部分城市位于东部季风气候区，该区域人口总数约占全国总人口的95%，城市内涝灾害较为普遍。住房和城乡建设部2010年对全国351个城市进行了内涝情况调查，结果显示62%的城市发生过内涝灾害，其中不仅包括南方沿海地区城市，还包括西安、太原、沈阳等干旱少雨的中西部、北部城市，许多城市在一年内多次遭受内涝灾害，其比重占调查城市总数的40%。相关统计数据显示，2010年以来，我国平均每年有185座城市受到城市内涝的威胁（蓝枫，2017）。受全球气候变化的影响，城市区域极端降水事件呈持续增多趋势，城市内涝灾害已严重影响我国城市的繁荣和安全。

（二）主要特征

城市内涝灾害具有波及范围广、成因多样、影响深远等特点。城市内涝发生区域较为广泛，除地势较低的沿海城市外，一些内陆城市管网设计标准低、年代久远的老城区也时常发生不同程度的内涝。在立交桥下、过街地下通道、铁路及公路桥等部分特定地点，城市内涝灾害发生频率较高。从直观角度来看，城市内涝发生是由于降雨量超过城市排水系统的承载能力，但从深层角度来看，城市内涝灾害成因复杂多样，是生态环境破坏、气候变化、城市原有的下垫面改变、城市现状排水管网老化、城市排水系统规划不合理等各种“城市病”集中发威的结果。

（三）造成的影响

作为危害居民日常生活的“城市顽疾”之一，城市内涝灾害首先易导致交通线路阻塞瘫痪、房屋地基损坏、物品损毁流失、施工场地停工等直接影响。其次，城市本身处于一个生态环境极为脆弱的体系中，内涝带来的地表径流带走地面上的生活垃圾、重金属、农药等有害物质，长期淹水环境将污染物四处扩散，导致恶臭、雨污合流及溢流污染，影响周边的水体、城市卫生以及自然生态环境。再次，城市内涝产生的大量径流随河道进行输送，将给下游城市地区带来巨大的排水压力。最后，城市内涝灾害及其引发的次生灾害将会造成城市系统崩溃，不仅对城市可持续发展以及公众生命财产安全带来巨大冲击，还会将这种影响通过城市系统间的“网状链接”迅速扩散到其他地区，给行业生产链以及国家或区域经济造成严重影响。

专栏 2　重大城市内涝灾害事件

- 2000 年，日本名古屋遭受特大暴雨袭击，市区约 2/5 的面积内涝积水，3 万户居民避难，18 000 户家庭受淹。
- 2008 年，越南首都河内暴雨成灾，老城区积水严重，积水点多达 63 处，造成 55 人死亡。

> - 2011 年 6 月，暴雨袭击我国四川省并造成严重灾情，全省 32 个市县受灾，6 人死亡、29 万人受灾，成都主城区低洼地带积水，局部交通受阻。
> - 2012 年 7 月，我国北京市及其周边地区遭遇暴雨及洪涝灾害，造成 79 人死亡，经济损失达 116.4 亿元。
> - 2014 年 5 月，我国深圳市发生特大暴雨，严重内涝使城市变成“水城”，广深线动车全部停运，5 000 多辆公交车无法正常运营。

三、城市高温灾害

（一）基本概述

城市高温灾害是指城市气温过高，持续时间过长，从而对生活在城市中的人和动植物生理机制产生影响的一种气象灾害，是一种夏季常见的灾害类型。对于城市高温灾害的界定目前还没有统一且明确的标准，多以日最高气温和持续时间为参考。中国气象局将城市高温灾害定义为日最高气温超过 35℃，且持续超过 3 天的高温天气，并将灾害预警等级分为一般、较严重、严重和特别严重四级。城市高温灾害与城市承灾体的易损性息息相关，气温是其最重要的致灾因素，而热岛效应则是大城市高温灾害的主要成因（谢德寿，1994）。城市地区树林及灌丛稀少，蒸腾降温效果差，燃料消耗、空调使用及其他人为活动增加了城市地区的人为热排放，建筑物和地表加热增温强化了热岛效应，从而加剧了城市地区夏日热浪的致灾能力。

世界上高温灾害严重的地区主要分布在南亚、美国中南部、中国长江流域、西亚及非洲大陆。印度、巴基斯坦等热带、副热带地区每年都有数千人因热浪袭击而死亡。近年来，中国、美国、日本等中高纬度地区极端高温时间增多，逐渐成为新的城市高温灾害频发区域。东部地区特别是东南沿海和长江中下游地区是我国夏季主要的高温区（谈建国等，2013），而随着城市的快速扩张和发展，高温灾害在我国北方部分地区增加的态势也十分明显，新疆、内蒙古、陕西关中等地区均出现过大范围的极端高温天气。针对城市高温灾害，各国积极采取应对措施，从城市建设各方面降低高温热浪造成的损失和影响。美国国家气象局综合考虑温度和相对湿度的影响，利用热指数预测城市高温；德国科学家基于人体热量平衡模型对热死亡率进行检测。世界气象组织下属气象委员会也专门成立了专家小组，在全球很多城市和地区推广热浪与健康预警系统。我国城市规划在应对气候变化及其带来的极端高温灾害方面，尚处于起步阶段，对其重视程度不高。在全球极端气候威胁日益增多的大背景下，城市高温灾害将会更加频繁地发生，其防治将成为我国城市建设面临的主要问题。

（二）主要特征

作为气候变暖造成的典型城市灾害，高温灾害具有季节性、敏感性和连锁性等特点。首先，受大气环流的影响，城市高温灾害一般发生在夏季；其次，高温灾害对特定城市、特定人群或部门影响更为明显，其中最敏感的人群包括老人、婴幼儿、心脑血管及呼吸道疾病患者等，对高温最敏感的部门为供电、供水系统；此外，城市供电、供水、供气、交通、通信等生命线系统之间的联系密切，一旦高温损害其中某一系统，很容易波及其他系统形成连锁反应。

（三）造成的影响

在所有城市气象灾害中，高温灾害如同一个“沉默的杀手”，给城市带来经济损失的同时，也给民众的生命健康造成巨大威胁。高温热浪期间，昼夜温差小，持续的高温环境使得人体散热困难，无法维系热量平衡，体内热量不断地积累，当积累到一定程度之后，人体会出现恶心耳鸣、头晕眼花等现象，重者会导致晕厥甚至死亡。高温天气还会导致心血管、肾脏、神经系统的功能下降，易引发心脑血管疾病、呼吸道疾病、神经系统疾病、泌尿系统疾病、消化系统疾病、传染病和皮肤病等，以及某些固有的慢性疾病恶化。根据美国国家气象局连续多年的统计数据，城市高温热浪造成的死亡人数远高于其他气象灾害（Adler et al.，2010）。此外，持续的高温天气可能改变城市区域性气候，抑制植物的正常生长，危害城市园林绿地，增加绿化维护费用的同时造成城市自然环境恶化。同时，气温久高不下还会使得城市能源、水资源消耗增加，造成断水断电、道路路基及交通工具损坏等问题，增加了火灾等次生灾害隐患，给工商业生产经营、居民日常生活造成诸多不便。

专栏3　重大城市高温灾害事件

- 2003 年，空前的热浪影响了欧洲的西班牙、葡萄牙、意大利、荷兰、瑞士、法国、德国和英国等国家，造成 30 000～35 000 人死亡。
- 2006 年，我国川渝地区出现高温天气并伴随干旱灾害，对农业、电力供应等造成巨大影响，造成大量人员因热死亡事故。
- 2013 年盛夏，我国南方 9 个省市出现半个世纪以来最强的高温热浪灾害，其中上海市与高温相关的超额死亡人数为 1 889 人。
- 2014年，印度首都新德里遭遇连日罕见高温天气。日最高气温达 47.8℃，创 62 年来最高纪录，多个社区出现电路故障，导致供电供水中断，居民苦不堪言。
- 2015 年，炎热天气席卷印度新德里、安得拉邦、特伦甘纳邦等地区，死亡人数超过 1 100 人。

第二节　城市地质灾害

城市发展与自然地质条件有密切的联系，一方面，优越的地质环境是城市建设发展的物质基础；另一方面，城市建设和发展对其区域内地质环境的固有变化规律造成影响，从而引发各类环境工程及地质问题。随着城市化步伐的加快，工业、住宅、交通、供水设施建设以及能源、地下空间开发利用等人类工程活动引起的生态地质环境恶化愈加突出，各类城市地质灾害也逐渐显露出来。城市地质灾害是指由于自然或者人为原因造成城市区域地质环境和地质体变化，给人类生命财产和生存环境造成重大损失的事件。较为常见的城市地质灾害主要包括城市地面坍塌、斜坡类地质灾害等。

一、城市地面坍塌灾害

（一）基本概述

城市地面坍塌灾害是指城市地区地表岩层、土体向下陷落，并在地面形成塌陷坑洞，造成财产损失或人员伤亡的灾害事件。地下空间是城市可持续发展的宝贵资源，其开发主要包括交通道路、工厂、仓库、地下商场、停车场等的建设及电力、油气、供水、供暖等多种市政公用管道埋设。大规模的城市地下空间开发，大大增加了地面塌陷发生的可能性，从而产生地面坍塌灾害。人类工程经济活动是城市地面坍塌灾害的主要诱发因素，其灾害来源主要包括两个方面：一是建筑物负载对地面造成的压力；二是地下水资源大量开采使得区域地下水位持续下降，产生等效附加应力作用导致岩层土体变形，从而产生的地面沉降。现代城市已由以往的地面建设向地下空间建设发展，地上地下建筑物和各种管道线缆交叉分布，城市地面坍塌灾害成因较以往任何时候都更为复杂。

地下空间开发与利用已成为当代城市的主要发展趋势，我国城市目前仍处于高速发展时期，各类建筑、交通、市政等基础设施建设蓬勃发展，城市建设“大开挖”现象仍较普遍，城市地下几乎布满了错综复杂的线路和管道，施工不当以及管线管理混乱使得地面坍塌灾害事故频繁发生。据统计，2003—2013 年发生的 165 起城市地下空间工程施工安全事故中，包括地铁事故 119 起、隧道工程事故 27 起，基坑及其他地下工程事故 19 起（高岩，2014）。国内城市每年因施工造成的地下管线事故直接经济损失约 50 亿元，间接经济损失约 400 亿元。城市地面坍塌灾害事故的发生一次又一次为我国城市可持续发展敲响了警钟。

（二）主要特征

城市地下空间地质环境的特殊性和复杂性使得地面坍塌灾害具有突发性、强破坏性等特征。突发性方面，城市地下空间环境复杂，日常安全检查和管理难度较大，许多安全隐患和致灾因素极具隐蔽性，较难及时发觉，地面坍塌灾害通常在较短时间内以较快的速度发生，给人以极少的反应和应对时间；破坏性方面，城市地下空间在开发利用时往往追求使用效率最高、投入成本最低，空间相对密闭，逃生通道少，人员疏散难，地面坍塌灾害一旦发生，极易在短时间内造成较大损失，施救难度也较大。

（三）造成的影响

城市地下空间包含着大量的市政管线、工程设施、交通线路及部分人口，一旦发生地面塌陷灾害事故，最直接的影响便是造成人员的伤亡和城市地下管线错位断裂，严重破坏建筑地基、道路等基础设施，易造成水、电等社会资源浪费。同时，地下管线破损后容易伴随一些次生危害，如水管破裂，可能会造成基坑坍塌、泥石流、管涌等事故，也会引起水土流失，致使路面塌陷；地下燃气管线的破坏，不仅危及人身健康，也容易引起爆炸，危及周边环境。如今，随着城市地下空间工程开发与利用的深入，城市地面坍塌等灾害事故发生频率越来越高，事故种类涉及施工、地下结构、管网等方面，造成严重的经济损失，社会影响恶劣，因此，地下空间工程的生产安全工作尤为重要。

专栏 4　重大城市地面坍塌灾害事件

- 2003 年 8 月 16 日，我国黑龙江省哈尔滨市人和地下人防工程发生坍塌事故，造成 15 人遇难，8 人受伤，直接经济损失达 415.2 万元。
- 2007 年 3 月 28 日，我国北京市地铁 10 号线 2 标段施工过程中，施工断面局部塌方和导洞拱部产生环向裂缝时发生二次塌方，造成 6 人死亡。
- 2008 年 11 月 15 日，我国浙江省杭州市风情大道地铁施工工地发生大面积坍塌，造成 17 人死亡、4 人失踪、24 人受伤。
- 2012 年 4 月 3 日，美国曼哈顿 7 号地铁延伸线工地倒塌，导致 1 人死亡、4 人受伤。
- 2018 年 1 月 25 日，我国广东省广州市地铁 21 号线隧道突发塌方，导致 3 人死亡。

二、城市斜坡类地质灾害

（一）基本概述

城市斜坡类地质灾害是指城市山体、边坡的土体或岩块受自然变化及人工切坡等因素影响，整体或分散向下滑动或崩塌，造成财产损失或人身安全威胁的事件，多发生在山区城市。除地形地貌、水文、气候等自然因素外，违反自然规律、破坏斜坡稳定条件的人类活动也会引发滑坡崩塌，如开挖坡脚、依山建房、蓄水、排水等。诱发边坡滑坡活动的外界因素越剧烈，滑坡强度则越大，造成的破坏也越强。目前在城市地区发生的滑坡崩塌，主要为工程建设场地开挖或填埋所引发的工程类滑坡灾害。

我国山地丘陵地貌分布广泛，许多省市山地面积占总面积比重超过 70%，众多的边坡构成了城市地区复杂而脆弱的地质环境，使我国成为城市滑坡及崩塌灾害多发地区。特别是在三峡库区沿线，城市均分布于丘陵山地地貌区，地质灾害发育更为强烈。国务院于 1998 年批准的《中华人民共和国减灾规划（1998—2010 年）》和 1999 年施行的《城市规划基本术语标准》等早期城市防灾减灾条文中，都对滑坡和崩塌防治给予了高度重视。近年来，我国对于城市斜坡类地质灾害的防治研究已经从单个灾害个体的现象描述、分类及治理发展为以定性和定量描述为基础的区域地质灾害预测预报阶段。地理信息系统和遥感等空间信息技术的广泛应用，也使得滑坡机理分析、稳定性分析和治理设计等研究不断取得进展。然而，随着人类工程活动日益频繁且规模逐渐增大，边坡稳定问题也越来越突出，城市斜坡类地质灾害预防将会是国内外城市建设一直关注的重点。

（二）主要特征

作为城市地质灾害的主要灾种之一，城市斜坡类地质灾害具有分布范围广、随机突发性强、诱因丰富且隐蔽等特点。该类灾害广泛分布于以山地丘陵地形为主的城市地区，通常发生在雨季，多数情况下地质活动强烈，且发生前无明显的征兆，所以预测、预报和预防比较困难，常使人猝不及防。城市斜坡类地质灾害的发生较大程度上取决于城市边坡的稳定程度。受地质环境和气象因素影响，城市边坡失稳破坏的形式复杂多变，可能是以某种形式为主，也有可能是伴随其他方式的综合破坏，故而其滑坡和崩塌的诱发因素也多种多样。此外，我国多数城市地区的斜坡类地质灾害有夜发性的特点，一方面是由于山区城市的暴雨多发生在夜间；另一方面是由于夜间人们熟睡之际，面对突发的灾害往往措手不及，未能及时采取有效应对措施。

（三）造成的影响

在各类城市地质灾害中，斜坡类地质灾害常常因在某些城市少见而被忽视，然而其给城市带来的破坏却十分巨大。城市斜坡类地质灾害常常摧毁建筑、掩埋道路、伤害人畜、毁坏交通、通信、水电等市政基础设施，对城市建筑、铁路、公路、航道、水库等造成不同程度的破坏，严重时甚至摧毁整个城镇，给城市工农业生产及人民生命财产安全带来巨大威胁。同时，斜坡类地质灾害发生以后，还会引发一系列次生灾害，如涌浪及阻断河流的次生灾害、对生命线工程的次生灾害、对土地资源的次生灾害等。这些次生灾害也会对城市生命线中的供水供电线路、隧道涵洞、桥梁等设施造成破坏，严重影响城市的发展和人民群众的日常生活。

专栏 5　重大城市斜坡类地质灾害事件

- 1980 年，我国陕西省韩城电厂发生滑坡事件，众多厂房设施遭到破坏，治理费用达 5 000 多万元。
- 1987 年 9 月 1 日，我国四川省巫溪县城南崩塌，4 000 m^3 岩体崩塌坠下，造成 95 人死亡、24 人受伤。
- 1990 年 8 月，我国甘肃省天水市大暴雨诱发 20 多处滑坡，造成 7 人受伤，直接经济损失达 2 076 万元。
- 2010 年 12 月 5 日，哥伦比亚西北部安蒂奥基亚省贝约市发生严重山体滑坡，造成至少 88 人遇难。
- 2011 年 7 月，韩国首尔连降暴雨，引发多起山体滑坡灾害，造成至少 62 人死亡、9 人失踪。
- 2015 年 12 月 20 日，我国广东省深圳市光明新区凤凰社区恒泰裕工业园发生山体滑坡。

（1）事故原因：红坳受纳场没有建设有效的导排水系统，受纳场内积水未能导出排泄，致使堆填的渣土含水过饱和，形成底部软弱滑动带；严重超量超高堆填加载，下滑推力逐渐增大、稳定性降低，导致渣土失稳滑出，体积庞大的高势能滑坡体形成了巨大的冲击力，加之事发前险情处置错误，造成重大人员伤亡和财产损失；

（2）事故性质：此次滑坡灾害为一起受纳场渣土堆填体的滑动，不是山体滑坡，不属于自然地质灾害，是一起人为地质灾害；

（3）事故影响：滑坡覆盖面积约38万m^2，造成73人死亡、4人失踪，33栋建筑物被掩埋或不同程度受损，直接经济损失达8.8亿余元。

第三节　城市事故灾害

进入21世纪以来，全球城市各类突发公共事件频发，给人民群众的生产生活带来越来越广泛而深入的影响。事故灾害作为城市突发公共事件类别之一，与城市的发展及人民群众的生活密切相关。城市事故灾害是指发生在城市人为活动预期之外，造成人身伤害或者财产损失，并在一定程度上对社会或内部单位、居民社区治安秩序和公共安全造成危害的重大事件，主要包括火灾事故、生命线系统事故、环境污染事件等。

一、火灾事故

（一）基本概述

火灾事故是指燃烧在时间或空间上失去控制并造成生命财产损失的灾害。从古代到工业革命初期，中外城市的房屋大多是木质建筑，消防设施很不完善，火灾是最常见、最普遍的城市事故，也是威胁公众安全和社会发展的主要灾害之一。现代城市绝大部分建筑为砖石与混凝土建筑，城市的供水系统与消防系统比较完善，一般不会发生蔓延全城的大火，但仍存在许多新的火灾隐患和风险因素。发生在城市的火灾事故中，除极少数因雷击、静电导致外，大多数是由人们生产或生活中的某些失误以及恶意纵火引起的。按照发生场所的不同，可将城市火灾分为工业火灾、基建火灾、商贸火灾、教科卫火灾、居民住宅火灾、地下空间火灾等；而按照造成的人员伤亡和直接财产损失，可将其划分为一般火灾、较大火灾、重大火灾及特别重大火灾。

近年来，我国城市火灾事故频繁发生，绝大部分城市地区均存在不同程度的城市火灾隐患。而随着城市消防安全重视程度及消防设施建设水平的提升，城市火灾事故防治工作进展良好。应急管理部消防救援局2019年统计资料（表2.1）显示，2014—2017年，我国每年接报火灾起数、伤/亡人数、直接经济损失逐年下降。但是城市火灾起数等重要指标基数依然较大，2018年火灾死亡人数与直接经济损失较2017年有所反弹，城市火灾事故灾害防治形势仍较为严峻。目前我国城市消防能力发展水平严重滞后于经济发展水平，火灾防治手段、防治设施等与世界先进水平存在一定差距，城市火灾事故呈现频繁化、大型化、严重化特征，火灾风险如果得不到有效控制，将会严重影响城市的稳定发展以及人民的安居乐业（邹懿，2018）。

表2.1 2014—2018年全国火灾情况统计

年份	接报火灾起数/万起	伤/亡人数/万人	直接经济损失/亿元
2014	39.5	1 493/1 817	43.9
2015	33.8	1 112/1 742	39.5
2016	31.2	1 065/1 582	37.2
2017	27.3	839/1 345	33.8
2018	23.7	798/1 407	36.8

（二）主要特征

在人口和建筑物高度集中发展的环境下，城市火灾事故具有极强的破坏性，且造成的损失无法挽回。相较于部分不可控的自然灾害，城市火灾事故单次损失小，但发生频率较高，危害累加之后的多重效应则会使破坏翻倍。城市人口密度大，各类日常活动频繁、建筑物密集，各类设施的现代化、集成化、规模化为城市火灾的蔓延提供了良好条件，火灾事故易在短时间内产生严重的连锁反应，大量的易燃易爆物品附近发生的火灾事故，很容易引起大范围的爆炸及其他衍生事故。从影响程度及整治难度来看，城市火灾事故复杂程度较高，其不可控程度与人类社会活动强度直接相关。

（三）造成的影响

城市火灾事故的突发性使得其极易造成不可控的巨大人身安全和财产损失。在高密度的发展环境下，城市火灾的发生将使工厂、建筑物和大量的生产、生活资料化为灰烬。随着经济的发展，城市各类化学品、易燃易爆品数量持续增加，若其生产和存储场所发生火灾事故则很容易引起大范围的爆炸及火灾事故，其后果不堪设想。此外，城市火灾事故带来的不仅仅是人员伤亡和财产损失，更多的是城市整体的破坏、城市机能的失灵及经济生活的失调等，造成受灾单位及相关单位生产、工作、运输、通信停滞，所造成的间接损失往往比直接损失更为严重。同时，灾后的救济、抚恤、医疗、重建等工作也会给社会造成较大负担。当火灾规模较大或发生在首都、省会城市、经济发达地区时，还易引起人们的不安与骚动，产生不良的社会和政治影响。

专栏6　重大城市火灾事故

- 2010年，我国上海市一施工楼盘脚手架起火，造成58人死亡、多人失踪。
- 2013年6月3日，我国吉林省长春市一禽业公司主厂房发生特别重大火灾爆炸事故，共造成121人死亡、76人受伤，直接经济损失1.82亿元。
- 2015年8月12日，我国天津市滨海新区发生爆炸事故。

（1）事故原因：危险品仓库运抵区南侧集装箱内的硝化棉由于湿润剂散失出现局部干燥，在高温（天气）等因素的作用下加速分解放热，积热自燃，引起相邻集装箱内的硝化棉和其他危险化学品长时间大面积燃烧，导致堆放于运抵区的硝酸铵等危险化学品发生爆炸；

（2）事故性质：经国务院调查组认定，8·12天津滨海新区爆炸事故是一起特别重大生产安全责任事故；

（3）事故影响：爆炸总能量约为450 t TNT（三硝基甲苯）当量，造成165人遇难、798人受伤，304栋建筑物、12 428辆汽车、7 533个集装箱烧毁，直接经济损失68.66亿元。

- 2018 年，我国河北省张家口市一化工工厂发生爆炸，38 辆大货车、12 辆小型车过火，造成 23 人死亡、22 人受伤。
- 2019 年 4 月 15 日，法国巴黎圣母院发生火灾，着火位置位于圣母院顶部塔楼，整座建筑损毁严重，损失无法估量。

二、生命线系统事故

（一）基本概述

生命线系统事故是指由于人为或自然因素破坏了城市各种建筑物、构筑物和管线网络等基础设施，导致形成大规模灾害的事件。城市生命线系统是指维持城市居民生活和生产活动所必不可少的交通、能源、通信、给排水等城市基础设施，是城市的关键系统和网络，城市的稳定发展依赖于生命线系统的高质量和可靠度。随着城市建设对基础设施投入的逐年增加，城市生命线系统的关联性和复杂性不断加强，因此当该系统遭受冲击或破坏时易形成大规模的灾害影响。按照生命线系统功能的不同，可将城市生命线系统事故分为供电事故、通信事故、供水事故、煤气泄漏事故、雷暴灾害事故等（张世奇，2003）。各类生命线系统事故的发生有人为原因，更多的则是受自然因素的影响，包括地震、雨雪、大风等，其中气象灾害对不同类型生命线系统的影响和可能引发的次生、衍生灾害也有所不同。

世界上诸多大城市如美国纽约及西部地区、日本东京等均发生过大范围的生命线系统事故。各级政府虽然不断制订相关应急预案，积极开展事故风险排查与防治工作，但在对城市生命线系统的整体评估以及灾害发生后的系统故障蔓延趋势判断等方面仍存在一些不足。近年来，地下管线建设规模不足、管线水平不高、设置情况不明等问题日益突出，极端天气、突发事件的频发使得城市生命线系统面临着比以往更为严峻的威胁，以网络空间、电磁空间为代表的非空间实体生命线系统的人为灾害也日益严重。建设科学、全面的城市生命线系统事故防灾和减灾体系，已成为城市可持续发展的迫切需求。

（二）主要特征

生命线系统是城市的动脉和神经，受到自然灾害、技术灾害和人为灾害等多方面威胁时，其事故发生具有破坏严重、波及范围广、次生灾害严重等特点（陈桂香，2007）。事故破坏严重一方面是指生命线系统本身受损严重；另一方面则是指生命线系统功能的破坏对城市生产和生活的影响严重。城市生命线系统较长的跨越范围和较广的覆盖面使其遭受自然灾害袭击的可能性更大，整个系统抵御外来作用的薄弱环节相对较多，稍有不慎便会引发电网、通信网络等事故。供电、交通、通信等生命线网络虽各具独立性，但在功能上具有较强关联性，各系统间相互影响将使灾害的破坏更趋严重，而一种生命线系统事故灾害也有可能成为其他生命线系统灾后恢复的障碍。此外，生命线系统一般包含地上和地下两种工程结构，一个或多个生命线系统损坏，极易形成连锁反应，造成人员生命、财产等有形和无形的损失。

（三）造成的影响

城市生命线系统事故灾害最直接的危害便是造成水电、燃气、通信及交通等线路的中断与崩溃，阻碍物质及资源的输送，破坏生命线系统自身的功能，从而严重影响城市的生产和生活。生命线管网是城市正常发展与运行的保障，与供电、供水及交通等众多行业联系密切，灾害事故的发生将对相关企业造成较大的经济冲击，影响行业的健康发展。2003 年北美大停电事件、2008 年我国南方雪灾等灾害事件，不仅导致生命线系统设备、线路损毁等直接损失，并且造成了电网、交通、燃气等关联产业的间接经济损失。此外，城市生命线系统事故易衍生出火灾、爆炸等次生灾害，造成人民群众恐慌，对社会稳定产生一定影响。

专栏 7　重大城市生命线系统事故

- 1998 年 5 月，美国信斯太空通信卫星发生故障，出现大范围的无线电通信系统障碍，约有 4 100 万人受到影响，为国外损失最惨重的一次无线电通信事故。
- 2002 年 10 月 6 日，我国湖北省某施工队挖断了京九、沪汉及鄂东环部分通信光缆，造成沪汉、鄂东环等地区通信全部受阻，经济损失约4 000多万元。

- 2003年8月14日，以纽约为中心的美国东北部和加拿大部分地区发生大面积停电事故，5 000万居民受到本次停电事故的影响，造成的经济损失达300亿美元。
- 2013年11月12日，我国山东省青岛市中石化东黄输油管道发生泄漏爆炸事故，造成62人遇难、136人受伤。
- 2014年8月1日凌晨，中国台湾地区高雄市前镇区多条街道陆续发生可燃气体外泄，并引发多次大爆炸，造成32人死亡、321人受伤。

三、环境污染事件

（一）基本概述

环境污染事件是指由于违反环境保护法规的经济、社会活动或其他突发性因素，使有毒和有害物质大量突发外溢、泄漏，污染和破坏生态环境，危害人体健康，造成不良社会影响的污染灾害事件，包括工业废水、固体废物、危险化学品及其他污染物引起的环境污染事件等。城市是人类对环境影响最深刻、最集中的区域，也是环境污染最为严重的区域。环境污染事件发生的原因包括生产事故、贮运事故、自然灾害、人类战争，同时也与工艺落后、制度不全、管理不善、防范不足等因素有较大关系。根据污染物性质及发生方式，环境污染事件可分为工业废水污染事件、大气污染事件、噪声与振动危害事件、固体废物污染事件、危险化学品污染事件、放射线污染事件及其他污染物事件等。

城市扩张发展使得跨流域、跨区域环境污染事件频频发生，污染灾害防治工作也越来越受到城市管理部门的高度重视以及人民群众的关注。近年来，我国环境污染事件频发，污染目标日趋广泛、事件形式层出不穷，对人民生产和生活造成了巨大威胁及恶劣影响。2006年国务院发布了《国家突发环境事件应急预案》，并陆续制定和发布了危险化学品、废弃化学品、光化学烟雾污染、生物物种安全、船舶污染、核辐射等方面的应急预案相关文件，为各地环境污染事件处理提供了法规依据和行动指南。国内环境污染事件应急机制建设起步较晚，许多城市对于污染事件的应急处置仍停留在预案层面，防治体系仍待进一步完善。

（二）主要特征

环境污染事件起因复杂、蔓延迅速、扩散性强，事件处理处置难度大。首先，环境污染事件爆发时间快，规模、具体态势和影响深度常常出乎人们预料。其次，环境污染事件发生和发展处于不同的社会情景中，在表现形式上各有特色，同样的污染事件在不同时间、地点发生的成因及变化趋势各不相同，充满了多变性。最后，环境污染具有明显的扩散性和流动性，污染事件发生后，污染物质容易随着各种环境媒介（如大气、水体等）进行扩散、迁移，通过转化、代谢及降解等作用改变原来的形态，使得人们很难在短时间内进行有效防治和控制。

（三）造成的影响

环境是人类赖以生存的基础，一旦环境中的空气、水、土壤受到破坏，人类的生存就将面临危机。城市环境污染事件使得较多环境污染物通过呼吸道、皮肤、消化道等途径进入人体，对城市居民身体健康造成危害。2011 年 9 月，上海康桥地区发生血铅超标事件，3 家涉铅企业废气铅超标排放，导致 49 名儿童血液含铅量超过正常指标。此外，环境污染事件发生区域往往需要很长一段时间来进行污染治理和控制，长期的资金及人力资源投入，给城市经济运转和人民财产安全带来严重影响。美国每年因为环境污染事件造成的损失高达 10 亿多美元。2017 年 7 月，吉林省两家化工企业仓库被洪水冲毁，三甲基一氯硅烷、六甲基二硅氮烷等有害原料被冲入温德河，进入松花江，污染带长 5 km，城市供水管道被切断，沿岸出动上万人对污染物进行拦截。

专栏 8　重大城市环境污染事件

- 1952 年 12 月 4 日，英国伦敦发生烟雾事件，仅 4 天时间，死亡人数就达 4 000 多人，在此后 2 个月内，又有 8 000 人死于呼吸系统疾病，此次事件被称为“伦敦烟雾事件”，成为 20 世纪十大环境公害事件之一。
- 1984 年 12 月 3 日，印度中央邦首府博帕尔市农药厂发生甲基异氰酸酯储罐泄漏，导致 20 万人中毒，累计中毒死亡人数超过万人。

- 1986 年 4 月 26 日，乌克兰普里皮亚季邻近的切尔诺贝利核电厂第四号反应堆发生爆炸，大量放射性物质泄漏，事故后 3 个月内有 31 人死亡，之后 15 年内有 6 万 ~8 万人死亡，13.4 万人遭受各种程度的辐射疾病折磨，11.5 万余民众被迫疏散迁离。
- 2005 年 11 月 13 日，我国吉林省一化工厂发生爆炸，在灭火及清理污染过程中，约 100 t 苯类物质（苯、硝基苯等）流入松花江，导致松花江江面上形成一条长达 80 km 的污染带，沿岸数百万居民的生活受到影响，波及下游的俄罗斯远东地区。
- 2007 年 7 月 2 日，我国江苏沭阳县发生饮用水污染事件，城区供水系统被迫关闭，20 万人用水受到影响。
- 2014 年 4 月 10 日，我国甘肃省兰州市发生自来水苯超标事件。

（1）事件原因：兰州威立雅水务公司 4 号、3 号自流沟由于超期服役，沟体伸缩缝防渗材料出现裂痕和缝隙，兰州石化公司历史积存的地下含油污水渗入自流沟，对输水水体造成苯污染，致使局部自来水苯超标；

（2）事件性质：供水安全责任事件；

（3）事件影响：全城数百万人遭遇“水危机”，引发市民超市抢水恐慌，引起全社会的高度关注。

第四节　公共卫生灾害

随着全球经济一体化的推进，国家、地区之间物质交流更加频繁密切，人流及物流的增长所带来的传染病、食品安全、饮用水污染、核辐射等公共卫生灾害风险将长期存在。公共卫生灾害是指突然发生，造成或者可能造成社会公众健康严重损害的重大传染病疫情、群体不明原因疾病、重大食物和职业中毒以及其他严重影响公众健康的事件。根据致灾因子的不同，公共卫生灾害主要包括疾病灾害和食品安全灾害两类。

一、疾病灾害

（一）基本概述

大规模的疾病传染，在我国古代称之为“瘟疫”，传染性疾病是人类的天敌，历史上人类饱受瘟疫之苦。疾病灾害是指疾病病原体在人与人、动物与人之间相互传播，从而导致大规模病情发生的事件。除部分因人类自身饮食导致的恶性传染病外，大部分疾病灾害为其他自然灾害的衍生或次生灾害。疾病灾害暴发是灾害传染源、宿主和自然社会环境等诸多因素共同作用的结果，自然因素包括气温、湿度、阳光、降水、地形等，社会因素包括社会制度、生产力、经济、文化、科学技术水平、法律法规完善程度、民俗等，环境污染、生态破坏、交通事故等均可导致灾害疫情的发生。造成疾病灾害的常见传染病包括呼吸道传染病、消化道传染病、血液传染病、虫媒传染病、接触性传播传染病等。

从古至今，世界各国的城市中大规模疾病灾害肆虐的情况屡见不鲜。中华人民共和国成立前，由于卫生条件极差，我国各类城市疾病灾害横行；中华人民共和国成立后，政府把防治城市疾病灾害工作作为中心任务，通过大规模的爱国卫生运动及其他防疫工作，消灭了鼠疫、霍乱、天花等烈性传染病。城市医疗卫生水平的提高使得疾病灾害的发生呈逐渐下降趋势。然而，随着城市环境的变化，艾滋病、疯牛病、禽流感、乙肝病毒等新型传染病源还在不断出现，全世界每年死于传染病的人数多达 1 700 万人，城市疾病灾害防治工作仍然任重道远。

（二）主要特征

疾病传播机制与城市的自然及社会人文环境相耦合，使得城市疾病灾害发生与危害具有自身独有的特征。首先，疾病灾害的分布在时间、空间及影响人群上具有差异，传染病的发病率在不同季节有所区别，如 SARS 往往发生在冬、春季节，肠道传染病多发生在夏季。其次，疾病灾害的发生具有极强的广泛性，在全球化的时代背景下，只要具备传染源、传播途径及易感人群，部分疾病灾害可通过现代交通工具跨国流动和传播。最后，疾病灾害的损失复杂，灾后治理具有较强的综合性。在治理过程中需要综合考虑国内外情况，注意解决社会体制、机制、工作效能、群众感受等深层次的问题。相对于其他城市灾害，疾病灾害短时间内造成群体性发病，严重威胁城市居民身心健康的同时也给城市经济带来较大负担。

（三）造成的影响

疾病灾害可以在短时间内造成大规模群体性发病，影响城市居民身心健康。在未得到有效控制的情况下，疾病灾害更有可能造成大规模的灾情扩散及人员死亡，给社会造成恐慌，扰乱社会正常生活秩序。

专栏9　重大城市疾病灾害事件

- 1347年，欧洲西西里群岛暴发“黑死病”，鼠疫在3年内横扫欧洲，并在20年间导致2 500万欧洲人死亡。
- 1918—1919年，世界各国暴发了西班牙型流行性感冒传染病灾害，总共约10亿人被感染，2 500万~4 000万人死亡（当时世界人口约17亿人），其全球平均致死率为2.5%~5%。
- 1988年1—4月，我国上海市居民因食用毛蚶引发甲型肝炎暴发性流行，发病31万余例，该市12个市辖区均有发病，其影响波及全国。
- 2002年11月—2003年8月，我国广东省暴发SARS，并迅速扩散至东南亚乃至全球，引起社会的强烈恐慌。总计有29个国家和地区报告临床诊断病例8 422例，死亡916例，其中中国内地及港澳台地区分别占全球病例数的91.3%和死亡数的89.5%。
- 2013年3月底，在我国上海市和安徽省两地暴发了H7N9型禽流感疾病灾害，截至2015年1月10日，全国已确诊134人，37人死亡，病例分布于北京、上海、江苏、浙江、安徽、山东、河南、台湾、福建、广东等地。

二、食品安全灾害

（一）基本概述

食品安全事件既指实物中毒、食源性疾病、食品污染等源于食品，对人体健康有危害或者可能造成危害的事件，同时也包括与食品安全相关的各种新闻事件，当食品安全事件在城市区域内大范围发生，则容易演变成食品安全灾害，食物中毒是这类灾害最直接的表现形式。民以食为天，食品安全历来是社会各界关注的重点。随着食品安全问题不断涌现，突发性食品安全事件已成为困扰城市居民健康的重要灾害之一。城市食品安全灾害的发生，大多源于不合理的食物生产和经营活动，如种植或养殖源头污染、食物生产水平低、卫生保障能力差、食品添加剂滥用、从业人员安全卫生意识淡薄、食品安全监管力度不足等。

食品安全灾害不仅仅是某个国家或者城市的问题，“三鹿奶粉事件”以及欧洲的“毒鸡蛋”事件均表明食品安全涉及世界各个国家和地区。我国正处于经济飞速发展及社会转型的关键时期，自 2012 年以来，食品安全已经连续多年位居“最受关注的十大焦点问题”榜首（尹世久等，2017）。食品的安全性是消费者选购食物及外出就餐最重要的考虑因素，近年来发生的苏丹红鸭蛋、三鹿三聚氰胺毒奶粉、地沟油、瘦肉精、塑化剂、镉大米等一系列食品安全事件暴露了方方面面的食品安全问题，食品安全灾害防治工作在未来较长一段时间内，仍将是城市建设与发展的重点与难点。

（二）主要特点

城市食品安全灾害的发生具有隐蔽性、复杂性等特征。与某些有着明显季节性或地域性的城市灾害不同，食品安全灾害没有明显的规律性，任何时间、任何地点都有可能发生。受污染的食品与正常食品在感官上难以区分，部分受污染的食品被食用后不会马上产生食物中毒现象，只有在人体内经过时间或者数量上的累积才会导致疾病的产生，故而食品安全灾害隐患及事件暴发很难事先察觉和预防。食品污染的来源复杂多样，涉及物理性污染、化学性污染和生物性污染等多种途径，与食物生产、加工、包装、贮藏、运输、食用等过程息息相关，任何一个环节都有可能导致食品安全灾害事故的发生。

（三）造成的影响

一般的食品安全灾害均为群体性事件，牵动社会的方方面面，影响巨大且深远。一方面，人类的生产和发展离不开食品，食品安全灾害的发生直接威胁了公众的身心健康和生命财产安全；另一方面，食品消费是拉动城市经济增长的重要力量，食品安全灾害的发生对食品产业链产生冲击，从而影响与之相关的其他产业，易造成消费者恐慌和社会经济动荡。

专栏 10　重大城市食品安全事件

- 2003 年 3 月 19 日，我国辽宁省海城市发生豆奶中毒事件，海城市铁西区 3 000 余名学生饮用区教委推荐的豆奶后，持续发生腹痛、头痛、眩晕等症状，最终导致 3 人死亡。
- 2004 年 4 月，我国安徽省阜阳市发生“大头娃娃”事件，171 名婴儿因食用劣质奶粉而出现营养不良综合征，其中因并发症死亡 13 人。
- 2006 年，我国上海市发生瘦肉精中毒事件，300 多人中毒住院。
- 2008 年，国家质检总局从三鹿等多个厂家生产的奶粉中检测出三聚氰胺，因食用“问题奶粉”导致泌尿系统出现异常的患儿达 29.6 万人，造成极其恶劣的社会影响。
- 2017 年 8 月初，荷兰被曝出“毒鸡蛋”事件，鸡蛋受杀虫剂大范围污染，大量食用会导致肝脏损伤、甲状腺功能受损，该事件影响欧洲多国，我国台湾也受到波及。

第五节　其他城市灾害

除前文所述常见的主要城市灾害外，我国城市还面临着海水倒灌、生物入侵等其他类型的灾害。

海水倒灌灾害是指海水或与海水有直接关系的地下咸水沿含水层向城市陆地方向扩展，使沿海城市地下水资源遭到破坏所造成的灾害，易造成地下淡水咸化、沿岸土地盐碱化、水源受到破坏、沿海建筑物受损等。目前，全世界范围内已有50多个国家和地区的几百个沿海城市地段出现海水倒灌现象，主要分布于社会经济发达的滨海平原、河口三角洲平原及海岛地区。20世纪80年代以来，由于地下水的过量开采，我国辽宁、河北、天津、山东、江苏、上海、广西、海南和台湾等省（区、市）均发生不同程度的海水倒灌现象，其中环渤海地区比较严重。

生物入侵灾害是指生物由原生存地经自然的或人为的途径侵入城市生态环境中，对城市生物多样性、农林牧渔业生产以及城市居民健康造成威胁或生态灾难的过程。生物入侵带来的后果是灾难性的，它可以影响本地物种的生存，破坏当地的生态系统结构，甚至导致本地物种灭绝，从而引发一系列的生态安全问题，给城市带来巨大的经济损失。

第三章
城市灾害风险识别与评估

城市是国家经济、文化、政治、科技中心，同时也是灾害的巨大承灾体。由于城市地位的重要性和面临灾害的高风险性，城市灾害日益成为国际社会及国家灾害防御的中心和重点。识别与评估城市灾害（致灾因子）发生的可能性，以及一旦发生可能造成的损失（人口、经济、城市基础设施和环境等），是有效降低城市灾害风险的十分重要的基础性工作。本章在介绍城市灾害风险识别与评估内容、方法的同时，着重介绍典型的城市灾害风险评估。

第一节　城市灾害风险概述

一、城市灾害风险的概念

19 世纪，保险行业为表达保险金额预付和理赔支出的关系，提出“风险”的概念。随后，风险理论逐渐应用到经济学和灾害学科等领域（尹占娥，2009）。此后，不少学者从不同角度对风险的定义进行界定和描述，除表述方法和角度略有差异外，其内容基本一致，大致有以下几种代表性观点：风险用以表达可能发生的损失以及不确定的损失程度（Wilson et al.，1987）；风险是某事件概率和事件所产生的后果的乘积（Helm，1996）；风险是指某些事件带来的损害程度以及这些事件发生的概率（Bruce，1999）；风险就是可能发生不利情况的概率（张俊香等，2005）；风险是某事件发生的概率及其负面结果之和（IRGC，2006）。上述观点对风险的理解主要分为两类：一是强调风险的不确定性及发生不幸事件的概率，概率越高，风险越大；二是强调风险是不利事件的出现且造成损失。

对于灾害研究来说，风险的概念有所不同。研究初期，灾害风险概念侧重于灾害发生的可能性以及造成结果的损失程度（金子史郎，1981）。但随着灾害系统三要素的逐步提出，不同的学者对灾害风险又有了进一步的认识。Ingleton（1999）认为灾害风险就是损失概率，取决于致灾因子、承灾体脆弱性和承灾体暴露性这 3 个要素，任何一个要素发生改变，灾害风险也将随之提高或降低；Crichton 等（1999）认为灾害风险就是承灾体的灾害应对能力抵消掉致灾因子危险性和承灾体脆弱性的叠加结果后的损失期望；Yurkovich（2004）认为灾害风险是致灾因子危险性、承灾体脆弱性和承灾体暴露性以及三者之间相互关联性共同作用的结果；史培军（2009）认为灾害风险是区域灾害系统要素综合作用的结果。也就是说，随着对灾害风险研究的不断加深，学者普遍认为灾害风险是由致灾因子危险性、承灾体脆弱性和承灾体暴露性共同作用形成的损失期望或结果。

城市灾害风险是发生在城市系统或其子系统的灾害带来的风险，结合国内外学者对灾害风险的理解及定义，本书将城市灾害风险定义为由城市致灾因子危险性、承灾体脆弱性、承灾体暴露性三者共同作用，导致未来若干年内城市灾害发生的概率与其可能对城市造成的损失期望或结果的乘积。致灾因子危险性、承灾体脆弱性及承灾体暴露性影响着城市灾害风险水平。

二、城市灾害风险等级

城市灾害风险等级可以分为：极度风险（E），需要立即采取处理措施；高度风险（H），必须高度关注；中度风险（M），指定管理职责；低度风险（L），常规程序管理。

根据风险等级与城市灾害可能性和后果之间的相关矩阵（表 3.1），结合对城市灾害发生可能性和后果分析，即可判断某一城市灾害风险的风险等级（表 3.2）。

表 3.1 风险等级与城市灾害可能性和后果之间的关系矩阵（徐波，2007）

城市灾害后果 风险等级 城市灾害发生可能性	甚微	较小	一般	重大	灾难
几乎一定	H	H	E	E	E
可能	M	H	H	E	E
也许	L	M	H	E	E
不太可能	L	L	M	H	E
罕见	L	L	M	H	H

表 3.2 城市灾害发生可能性及城市灾害后果的 5 种等级的含义

城市灾害发生可能性		城市灾害后果可能性	
类型	含义	类型	含义
几乎一定	在绝大多数环境下，预计会发生	甚微	没有人员伤亡，经济损失小，对社会干扰很少，对环境也没有影响
可能	在绝大多数环境下，将可能发生	较小	有些人员受伤，无死亡，一些人需要暂时安置，财产有些损失，社会有一定扰乱。有些经济损失，对环境有较小的短期影响
也许	在一些时候，可能会发生	一般	没有人员伤亡，但受伤的人员需要医疗救助，灾民需要政府暂时安置和帮助，社会受到一定破坏，正常功能有些影响，经济损失较大，环境受到一些影响
不太可能	一般不会发生	重大	人员伤害较多，有死亡，需要医院救助治疗，较多灾民需要暂时安置，财产损失严重，需要外部对灾民的支援，社区功能受到损伤，一些公用服务中断，社会经济损失严重，恢复需要外部资金援助，环境受到影响
罕见	仅在特殊情况下，可能发生	灾难	人员伤害多，伤情严重，死亡较多，需要医院救助治疗，大量灾民需要安置和救助，社区破坏严重，不能发挥其功能，经济损失巨大，没有外援很难恢复其经济，环境受到重大影响

三、城市灾害风险系统的组成

灾害系统是一个较为庞大的系统，因此灾害发生时带来的灾害风险往往复杂多样，灾害风险系统就是灾害发生时各种灾害风险形成的复杂系统。从灾害风险定义的角度出发，灾害风险系统基本构成要素为致灾因子危险性、承灾体脆弱性以及承灾体暴露性。城市灾害风险系统是灾害风险系统下的一个子系统，它的构成要素同样为致灾因子危险性、承灾体脆弱性、承灾体暴露性（殷杰，2008；尹占娥，2009）。

（一）致灾因子危险性

Mitchell 等（1997）认为致灾因子危险性就是极端事件对人类社会的潜在威胁，人类社会中文化、种族、经济和政治等要素会加剧或减缓这一威胁程度；Al-Madhari A F（2001）认为致灾因子危险性就是人类社会系统和自然系统相互作用，对人与事物价值的一种潜在威胁；张继权等（2006）认为致灾因子危险性就是灾害变异的程度，它是由致灾因子强度和发生频率所决定的；谢梦莉（2007）认为致灾因子危险性是特定区域内灾害的频率和强度相互叠加的产物；冯祥源（2014）认为致灾因子危险性指致灾因子的危险因素和危险程度。

国内外学者对“致灾因子危险性”形成的一致共识是对人类社会构成潜在威胁，由致灾因子强度和发生频率及危险程度所决定。因此，可将致灾因子危险性定义为对人类社会的生命、健康、财产、经济活动、基础设施、生存环境等要素可能构成威胁的致灾因子的强度、发生频率及危险程度。

（二）承灾体脆弱性

Cutter（2003）认为承灾体脆弱性是对灾害的敏感性和抵御能力；许世远等（2006）认为承灾体脆弱性的内容包括社会、经济、自然与环境系统相互耦合作用及其对灾害的驱动力、抑制机制和响应能力；Thywissen（2006）认为承灾体脆弱性是承灾体的本质属性，由自然、社会、经济和环境要素等共同决定；王绍玉等（2009）认为承灾体脆弱性是承灾体遭受灾害时的损失程度，由其物理结构特征、抗灾能力和恢复能力决定；柳永政（2013）认为承灾体脆弱性应该是面向更广泛的社会、经济以及物理环境下的状态评估，这种评估应是可度量的，能够表征灾害造成不同程度损失的重要原因。

国内外学者对“承灾体脆弱性”形成的一致共识是体现了承灾体对灾害的抵御能力，由承灾体本身结构特征和属性决定脆弱性大小，表征受到损失的难易程度。因此，可将承灾体脆弱性定义为承灾体在遭受灾害时所表现的对灾害的抵御能力以及受到损失的难易程度，反映了承灾体本身抵御致灾因子打击的能力。这种能力取决于承灾体自身属性，脆弱性越大，抵御能力越弱；脆弱性越小，抵御能力越强。

（三）承灾体暴露性

Davidson 等（2001）认为承灾体暴露性是受到城市灾害影响的人口、建筑和其他设施的价值；Pelling（2004）认为承灾体暴露性是暴露于灾害的人和物的数量；UNISDR（2009）提出承灾体暴露性是处于危险中并可能造成人员、财产、系统或其他事物损失的程度，这一程度可通过数量和价值进行衡量。

国内外学者对“承灾体暴露性”形成的一致共识是受到灾害影响或暴露于灾害的人和物的数量，表征损失程度。因此，可将承灾体暴露性定义为承灾体暴露在灾害中的人员、财产、系统或其他事物损失的程度，这一程度可通过数量和价值进行衡量。

第二节 城市灾害风险识别

城市灾害风险识别是城市灾害风险评估的前提，是指城市灾害事件发生之前，运用各种方法系统地、连续地感知或认识已有的或正在发生的城市致灾因子的变化，判断其对现存的或潜在的、内部的或外部的、静态的或动态的承灾体危害可能性的工作过程，目的是识别出城市可能发生的灾害类别。城市灾害风险识别主要是通过开展城市灾害风险调查，系统收集相关基础资料和数据，识别出城市灾害风险来源，明确可能导致城市灾害风险发生的各个致灾因子，为研判致灾因子发生的概率以及承灾体可能受到的危害程度提供依据。城市灾害风险识别是一项持续性和系统性的工作，需要密切注意城市原有灾害风险的变化，并随时关注新的灾害风险的发生。

一、城市灾害风险识别步骤

（一）城市灾害风险历史及现状调查

城市灾害风险识别的第一步是开展城市灾害风险历史及现状调查，调查内容包括城市自然环境、城市经济和社会现状、城市危险源等，主要收集国家有关部门、机构发布的城市灾害风险相关信息，曾经发生过的城市灾害的统计数据，以及实地调研及动态监测城市灾害相关数据等。

（1）城市自然环境调查是对城市地质、气候、地形地貌、特殊价值地区及环境敏感区等的调查，了解城市自然灾害发生史，包括灾害类型、灾度大小、人员伤亡、经济损失、灾害发生的条件、诱发因素等，明确孕灾环境和致灾因子。

（2）城市经济和社会现状调查分为经济现状调查和社会现状调查。经济现状调查内容主要是与城市防灾减灾规划内容有直接或间接关系的经济活动，包括城市生产布局现状分析。社会现状调查内容主要包括城市人口状况分析及社会意识状况分析，城市安全与城市人口总数、人口密度、人口分布等因素密切相关，社会意识形态也对城市安全产生重大影响。

（3）城市危险源调查需要在对城市事故及灾害分类的基础上进行，调查内容主要包括工业危险设施、城市生命线系统等。其中，工业危险设施调查主要识别易发生火灾、爆炸及泄漏的工业危险设施的位置、周围环境、周围人口密度、气象条件、常年主导风向、事故历史、事故范围、事故后果等；生命线系统调查主要识别生命线各设施的铺设、施工是否合乎有关规定，周围是否有违章建筑，灾害发生的情况下是否有应急措施等。

（二）建立初步清单

根据现状调查收集的资料，分析城市灾害区域背景、灾害历史与现状，对城市研究区域内的地质、地貌、气象、水文等自然地理环境特征，以及研究区域历史上发生的灾害事件进行分析，定性总结研究区域城市灾害特点。提取有分析或参考价值的各种数据，建立城市灾害初步清单。清单中明确列出城市客观存在的和潜在的各种灾害风险，包括城市与区域曾经出现过的灾害或事故种类，类似城市与区域发生过的灾害或事故、灾害出现的频次、生态环境影响等信息，以及社会发展和人类活动可能带来的危险事故。

（三）识别主要致灾因子

根据初步清单中列出的各种重要风险来源，分析各种致灾因子的发生频率、回归周期、强度/烈度、影响范围、持续时间等特征，识别城市灾害风险的主要致灾因子。

二、城市灾害风险识别方法

城市灾害风险识别既可以通过感性认识和历史经验作出判断，也可以通过对各种调查观测资料的分析找出明显的或潜在的规律。具体识别方法可概括为直接观测法、历史对比法、遥感遥测法、综合分析法等。

（一）直接观测法

基于人眼目测的尺度观察问题，是最有效但在广度和深度上常常受到局限的方法。如可以直接观察感知斜坡表面形态、岩土成分结构、初始状态的变化和成灾条件，识别滑坡灾害风险；通过直接观察城市工业废水、固体废物、危险化学品等的处理处置方式，识别环境污染灾害风险等。但由于城市灾害风险通常具有较强的隐蔽性，不容易准确辨识和预测，直接观测法具有较大的局限性。

（二）历史对比法

基于研究区域已有的城市灾害相关历史数据资料（自然界记载资料和历史文献资料），定性总结研究区域城市灾害形成原因、特点与规律。同时，对城市现状进行分析，对比历史与现状，作出灾害风险判断。如分析研究区域城市历史上曾发生的高温灾害频次及严重程度，以及近年来该城市温度变化趋势，识别城市高温灾害风险。运用该方法识别城市灾害风险具有一定的依据，能够预测不同等级城市灾害发生的频率、灾害损失等级、范围、区域灾害危险性及特征等，但需要具备足够长时间序列的历史资料，并且受周围环境变化限制。

（三）遥感遥测法

基于航天、航空或地面的遥感遥测技术，如卫星影像、天基或地基合成孔径雷达干涉（InSAR）、航空遥测及无人机（UAV）、机载激光雷达和三维激光扫描等，获取城市灾害发生的前兆信息，及时识别城市致灾因子。如利用高分辨率遥感影像对城市地质滑坡灾害进行动态监测，准确获取地质灾害信息，通过解译遥感遥测影像资料，对比不同时期城市地质图像变化，了解滑坡的变化情况，识别城市崩塌滑坡灾害风险（徐军伟等，2019）。基于天空地的遥感观测方法宏观视域广大，从整体上解决了视域的局限，实现了全域掌控、区域环境变化对比、定域多时相扫描和定点多时相聚焦，多种技术长时间序列观测数据图像对比，提取城市灾害可能发生的相关信息，直接测算城市致灾因子与承灾体的关系。但该方法也受观测精度、经济成本、时间及时性和天气变化等因素的制约。

（四）综合分析法

综合分析法涉及城市灾害风险的直接观测、历史对比、遥感遥测等方面数据信息的整合集成和系统研究，该方法能够较为全面、准确地对城市灾害风险进行识别。目前城市灾害风险识别多采用综合分析法。谭少华等（2019）通过收集恩施市相关部门各类灾害数据，结合地方特征，综合运用空间分析技术对城市水灾、火灾以及地灾等灾害风险进行精准的综合识别与分析，为城市水灾、火灾、地灾风险评估与防范对策提供了依据。多种方法相互补充和综合运用对城市灾害风险识别最有效。

第三节　城市灾害风险评估

城市灾害风险评估是指对城市灾害发生的概率和一旦发生后可能造成的损失（人员伤亡、经济、城市基础设施、环境等的损害）的分析与评价，即对城市灾害风险的分析与评价。广义的城市灾害风险评估是对城市灾害系统进行风险评估，包括孕灾环境、致灾因子和承灾体的分析与评估；狭义的城市灾害风险评估包括致灾因子危险性、承灾体脆弱性和承灾体暴露性分析评价等方面，主要针对致灾因子与承灾体进行风险评估，即从风险辨识、风险分析与暴露损失评估角度，对风险区遭受不同强度灾害的可能性大小概率及其可能造成的后果或损失进行定量分析和评估。城市灾害风险评估是在城市灾害风险识别得到致灾因子的基础上，充分借鉴历史事件，从致灾因子危险性、承灾体脆弱性、承灾体暴露性三个方面综合考虑，通过设置合理的评价指标，以定性与定量相结合的方式来分析和评价受灾区域内可能遭受灾害的损失和影响，以便采取相应的城市灾害风险应对措施，从而达到风险评估的目的（孙海，2013；冯祥源，2014）。

一、城市灾害风险评估内容

城市灾害风险评估重点在于确定致灾因子发生的强度和概率及可能造成的损害，同时还需要评价承灾体的脆弱性和灾害损失的具体数量。从城市灾害风险系统角度出发，在城市灾害风险识别的基础上，重点针对致灾因子危险性、承灾体脆弱性、承灾体暴露性进行评估。

（一）致灾因子危险性评估

致灾因子危险性评估是对灾害自身发生、发展规律的分析，具体而言，需要灾害发生区域地理位置、水文地质特征、历年灾害事件等信息的记录，利用数理统计和概率评估的方法，针对已经发生的灾害事件，进行频率、强度分析，统计一定历史时期内不同强度、不同类型的灾害发生次数，计算其历史频率或累计频率。强度一般是根据灾害的变异程度（如震级、风力大小等）或由承灾体的受灾影响程度等属性指标确定，通常会用等级来进行划分。发生概率通常是以一定年限为统计时段，获得灾害在统计时段内发生的次数。一般致灾因子强度越大、频率越高、周期越短、范围越大、持续时间越长，致灾因子危险性越大，导致最终灾损值也越大，即城市灾害风险越大。在此基础上，建立城市灾害风险序列，对影响区域的重大灾害风险进行排序和分级，从而采取相应的风险减缓措施和投入（欧阳小芽，2010；陈珂，2013）。

（二）承灾体脆弱性评估

承灾体脆弱性评估的核心是根据致灾因子的强度计算，得出承灾体的破坏程度，建立承灾体易损性定量分析模型，具体而言，需要历史灾害造成的人员伤亡、经济损失等信息的记录，利用构建函数的方法，借助相关性分析或回归分析找出灾损率和灾害强度的关系。评估内容主要包括资源脆弱性、生态环境脆弱性、社会脆弱性、经济系统脆弱性等方面（王岩，2014；乔青等，2008；黄晓军等，2014；苏飞等，2009；United Nations，2015）。

（1）资源脆弱性一方面指自然资源本身所具有的容易受到外界（自然或非自然的）破坏，从而失去自身的平衡性、坚韧性并最终导致资源的消亡，即“易破坏性”；另一方面指自然资源本身具有的不适应外界干扰的性质，易受到外界的影响，即“不适应性”。资源脆弱性是随着外界干扰（包括人类系统、自然系统等的干扰）的改变而随之发生改变的，自然系统的变化会影响自然资源系统内部稳定性，自然资源结构因污染物的排放、植被的破坏等出现功能减退，会直接影响整个自然资源系统的初始状态。对于资源脆弱性评估，主要评估土地资源、水资源、石油资源等的消耗和恢复能力。

（2）生态环境脆弱性是指生态环境对外界干扰抵抗力弱，在被干扰后恢复能力低，容易由一种状态转变为另一种状态，而且一经改变很难恢复到初始状态的性质。生态环境脆弱性包括生态敏感度、生态弹性度、生态压力三方面。由于生态环境具有不稳定性，在外界干扰或胁迫下容易发生正向或逆向的变化，敏感度就反映了生态环境对干扰的敏感程度。生态环境在被干扰后具有一定的自我恢复能力，同样的干扰对一般生态环境或许可以承受，但对明显脆弱的生态环境来说就很容易超出其抵抗干扰的阈值范围，从而使生态环境发生不可逆转的变化，这种恢复力可用生态弹性来描述，即弹性刻画了生态系统的自我恢复、调节的能力。压力表征了内外部因素对生态环境产生的压力，生态环境本身的结构特征是导致生态脆弱的潜在条件，而人为因素将这种潜在条件激化为现实（魏国孝等，2004）。生态环境脆弱性评估主要评估建成区绿化、固体废物处置、污水处置等状况。

（3）社会脆弱性是指暴露于自然因素或人为因素扰动下的社会系统，由于自身的敏感性特征和缺乏对不利扰动的应对能力而使系统受到的负面影响或损害状态。社会脆弱性由人类发展脆弱性、基础设施建设脆弱性、社会环境脆弱性等方面构成。社会系统的内在结构特征是社会脆弱性产生的主要原因，外部扰动是社会脆弱性变化的驱动因素，扰动对社会系统施加的影响并不均衡，取决于系统的结构特征和应对能力，扰动与社会系统之间的相互作用加剧或缓解了社会脆弱性状态。社会脆弱性具有明显的尺度特征，包括社会系统中的个体、家庭和群体尺度以及空间上的地方、区域和国家尺度（黄晓军等，2014），其评估内容主要包括城市人口的数量与分布、人口的年龄等指标及健康、文化教育、贫困等状况。

（4）经济系统脆弱性是指由于经济系统对系统内外各种扰动的敏感性以及缺乏应对不利扰动的能力而使该系统容易向不可持续方向发展的一种状态，是系统的内在属性，在系统遭受扰动时这种属性才表现出来。经济系统脆弱性评估一般包括经济、经济活动类型以及经济管理法律、政策与制度等指标。

（三）承灾体暴露性评估

承灾体暴露性评估主要是分析承灾体各要素在灾害中的暴露程度、分布情况及其数量。具体而言，需要确定灾害风险区、风险区暴露要素，并对风险区暴露要素进行评价，例如，对主要建筑物及建筑物内部财产、人口数量、经济发展水平等进行评价，进而全面地了解风险区所遭受到的灾害强度以及灾害破坏损失程度。承灾体的暴露性评估指标主要有数量型（个数、面积、长度等）和价值量型（经济价值、使用价值和社会价值）。王艳君等（2014）以各省的受灾面积、人口密度、地均面积以及农作物播种面积分别代表各省暴露于暴雨洪涝灾害下的范围、人口暴露度、经济暴露度和农作物暴露度，进而研究我国暴雨洪涝暴露度的时空变化特征。廖春贵等（2017）选取人口密度、GDP、作物播种面积、受灾人口、直接经济损失、农作物受灾面积等作为承灾体暴露度和脆弱性的指标，从时空角度对暴雨洪涝灾害中承灾体的暴露度与脆弱性进行分析评估。承灾体暴露性大小由致灾因子的危险性和影响区域的承灾体数量决定。一般暴露度越大，城市灾害的风险性也越大，反之亦然。

二、城市灾害风险评估方法

目前，城市灾害风险评估方法归纳起来主要有 3 种类型：基于历史灾情概率统计法、基于指标体系与地理信息系统（GIS）的风险建模评估法、基于情景模拟可视化法（Morgan et al.，1990；Adams，1995；Smith K，1996；张行南等，2000；刘仁义等，2002；张俊香等，2005）。

（一）基于历史灾情概率统计法

基于历史灾情概率统计法主要是利用数理统计对区域内致灾因子进行分析，并对不同强度灾害作用下的历史灾情数据进行统计，找出灾害发展演化的规律。通过灾害风险概率与灾害事件强度和损失之间的相互关系，建立灾害风险概率与损失关系函数或曲线——超越概率曲线（赵庆良等，2009）。

超越概率曲线表示在给定时期内或某些灾害事件中发生大于某一损失规模的可能灾害事件概率。当损失为 0 时，超过这一损失的概率为 1；随着损失规模的提高，超越概率将会随之下降（许闲等，2013）。城市灾害系统本身具有复杂性和不确定性，用超越概率曲线方法可以更准确地反映城市灾害风险的不确定性和复杂性，评估结果较为可靠，Petak 等（1982）依据美国各类自然灾害的统计分析，得到了基于概率统计的灾害风险概率与损失关系表达式，如式（3-1）和式（3-2）。

$$R(l) = \int_0^\infty \mathrm{d}P(l)\mathrm{d}l \tag{3-1}$$

$$R\left(l \geqslant L\right) = \int_L^\infty \mathrm{d}P\left(l \geqslant L\right)\mathrm{d}l \tag{3-2}$$

式中：R（l）——风险；

P（l）——概率；

l——某一灾害的损失；

L——损失。

基于历史灾情概率统计法主要通过历史灾情数据构建灾害事件频率强度与区域损失的函数关系，此方法可更准确地反映灾害风险的不确定性和复杂性，但要求记录的历史灾情数据时间较长，计算不便，对突然发生的、没有详细灾情记录的灾害则不可预测。

（二）基于指标体系与GIS的风险建模评估法

基于指标体系与GIS的风险建模评估法是目前国内外灾害领域研究中最为常用的一种方法，已被广泛应用于地震、泥石流、洪涝、干旱、风暴潮、台风、森林火灾等灾害的风险评估。此方法以指标构建为核心，侧重于灾害风险指标选取、优化以及各指标在模型中的权重确定，最终形成灾害风险指数。指标体系一般由目标层、准则层和方案层构成，目标层为灾害风险，准则层由致灾因子、暴露性、脆弱性等指标构成，方案层为准则层对应的各个指标。常用的指标有灾害发生的强度、频率、密度、历时、变异系数、受灾面积、影响范围、抗灾指数以及风险发生的概率等。各项指标权重即针对目标层重要程度的量化值，通过人的主观判断以数量形式表达处理的方法来确定。

同时结合GIS技术，用GIS软件进行空间分析与制图，根据分析区域致灾因子的特征，选取大小合适的栅格，建立不同的图层，将致灾因子的各种属性及脆弱性指标等数据图层，根据一定的数学关系分配到每个栅格中，然后对各图层进行叠加，实现灾害风险的可视化表达，从而形成灾害风险图集，以便了解区域的风险分布。如灾害风险指标计划（DRI）以国家为单元对全球范围内的地震、热带气旋、洪水和干旱灾害风险进行评估（Pelling，2004）；多发区指标计划（Hotspots）以2.5 km×2.5 km网格为基础单元对全球范围内的地震、火山、滑坡等7种自然灾害风险进行评估（Pelling，2004）；李林涛等（2012）以100 m×100 m网格为基础单元对中国洪水灾害风险进行评估；温泉沛等（2015）以省为单元对中国南方12省的洪涝灾害风险进行评估。

基于指标体系与GIS的风险建模评估法是根据灾害风险形成的特点，从灾害的致灾因子、暴露性、脆弱性分别构建指标体系，通过模型来计算灾害带来的风险。但是使用此方法计算得到的是静态的风险，指标的选取和权重的确定带有人为主观上的因素，所以通过不同指标模型计算出来的风险评估结果也不一定相同，可能存在偏差，由于该方法操作简便、数据易于获取，模型和计算方法相对较为容易，是目前灾害风险评估中最常用的一种方法。

（三）基于情景模拟可视化法

对发生过的灾害进行区域风险评估，一般采用前两种方法，若是针对预测未来可能发生的灾害进行区域内的风险评估则选择基于情景模拟可视化法（谢翠娜，2010）。此方法是近年来城市灾害风险评估中出现的一种新方法，该方法是基于情景模拟，借助 GIS 等信息技术及软件来辅助实现的一种精细化、微观化方法（余世舟等，2004）。对受灾区历史灾害的强度、范围进行全面调查，从不同灾害、不同承灾体、不同时空尺度角度模拟分析致灾因子对承灾体的生物学特征、危害以及最终可能造成的经济损失的大小，建立动态评估模型，通过对图层进行叠加计算，统计出城市灾害造成的损失情况。该方法对灾害的致灾过程和演变过程进行动态的展示，同时对灾害的评估结果进行可视化的表达，实现灾害风险的动态评估，避免了缺少实际灾情数据等方面的限制。国外学者对基于情景模拟的灾害评估方法应用已相当成熟（Dutta et al.，2003；Kleist et al.，2006），早在 1975 年，美国在开展国家自然灾害评估期间就对不同城市典型灾害风险情况下的情景进行过模拟，依据迈阿密、波尔特、旧金山等城市分别遭受台风、洪水、地震袭击所造成的灾害损失和影响范围，分析和预测美国未来发生同类灾害时的灾情。之后，在 1999 年进行的第二次国家自然灾害评估中，再次对上述 3 个城市进行了灾害风险情景分析，以讨论可持续减灾应涉及的问题（Mileti，1999）。

基于情景模拟可视化法是随着计算机技术的发展而兴起的，该方法可以模拟各种不同场景的灾害致灾和演化过程，同时完成对灾情的动态风险评估。由于该评估方法是一个动态的评估过程，因此致灾因子发生变化或承灾体的属性发生变化时，评估过程可以随之进行动态调整，该方法是今后灾害风险评估的发展方向。

综上所述，基于历史灾情概率统计法、基于指标体系与 GIS 的风险建模评估法和基于情景模拟可视化法是较为常用的城市灾害风险评估方法，相比较而言，不同评估方法各有优缺点（表 3.3）。

表 3.3 灾害风险评估方法对比

序号	评估方法	优点及不足	风险属性	精确度	适用范围	应用程度
1	基于历史灾情概率统计法	优点：更准确地反映城市灾害风险的不确定性和复杂性；可定量评估；结果较为可靠 不足：历史灾情数据时间较长；计算不便；不可预测突发、无详细灾情记录的风险	静态	较为可靠	发生过的单一灾种、灾害链	一般
2	基于指标体系与 GIS 的风险建模评估法	优点：操作简便；数据易于获取；模型和计算方法相对较为容易 不足：得到的是静态的风险；指标的选取和权重的确定带有人为主观上的因素，可能存在偏差	静态	人为因素，存在偏差	发生过的单一灾种、多灾种	常用
3	基于情景模拟可视化法	优点：可进行动态风险评估；可视化表达；避免受到缺少实际灾情数据等的限制；精细化、微观化；可对可能发生或预测到的灾害进行区域内的风险评估 不足：基础数据、相关灾害历史数据资料的要求较高，软件设备要求高	动态	精确	发生过的，主要针对可能发生或预测到的单一灾种、多灾种	未来评估方向

第四节 典型城市灾害风险评估

自然环境变化和人类活动的加剧，使得城市灾害系统变得更加复杂，人类社会面临的灾害类型也发生了巨大的变化。典型城市灾害是指发生频率高，影响范围广，在城市日常生产生活中较为常见的城市灾害类型。由于区域环境的差异，不同地区的典型城市灾害类型有所差别，总体上主要包括城市风灾、城市内涝灾害、城市高温灾害、城市地质灾害、城市火灾等。

一、城市风灾

（一）评估方法概述

城市风灾风险评价是根据风灾的频度、强度以及承灾体的属性，对未来承灾地区可能发生的大风灾害进行的预评估，侧重于以承灾地区为评估对象，定量计算或定性评估其遭受损失的可能性及损失程度，其评估方法主要包括回归分析法、模糊综合评价法、层次分析法和综合风险指数法。城市风灾风险评估是一个复杂的问题，需要综合应用多种评估方法或者将某种评估方法与其他分析方法（如 GIS 空间叠加）结合来评估城市风灾风险。目前，国内外学者通常采用综合风险指数法对城市风灾风险进行评估。

1. 回归分析法

将回归分析法用于城市风灾风险评估，主要分为两种类型。一类是直接考虑具体的致灾因子与承灾体因子，即变量是各个致灾因子，如雨量、风速，因变量是各个灾后因子，如倒损房屋数、人员伤亡数等，分析灾后因子与致灾因子的响应关系，从而评估灾害风险程度；另一类是以致灾因子或者灾后因子为自变量，以表征风灾综合损毁程度的指数作为被模拟与预测的变量建立回归模型，通过灾情综合指数来评判风灾风险等级。

2. 模糊综合评价法

模糊综合评价法一般采用多因素对城市风灾风险进行评估，其评估要素包括风速、雨量、地形地貌、人口、经济等因子，采用模糊方法确定单因素的权重，通过综合合成得到评价指数，用以判断风灾风险等级。在使用模糊综合评价法时，选取的指标可根据城市特点进行调整。模糊综合评价法的优点在于可将本来模糊的、主观性很大的定性评估转变为定量评判，思路清晰、评判结果直接，且可通过致灾因子与灾后评估结果对比修正预评估模型，能满足灾害评估的精度要求。

3. 层次分析法

层次分析法是较为经典的统计综合评价方法，其通过建立城市风灾致灾影响因素指标体系，形成指标分层，通过判断矩阵确立各指标权重，综合计算评估指数，从而对风灾风险程度进行判断。与回归分析法和模糊综合评价法类似，根据指标选取的不同，层次分析法可分别对风灾前风险和风灾后损失进行评估，在风灾灾害风险及灾情评估中均有广泛应用。

4．综合风险指数法

联合国“国际减灾战略”（ISDR）提出构成自然灾害风险的两个因素为致灾因子的危险度以及承灾体的脆弱性，即自然灾害风险大小可用致灾因子的危险度和承灾体的脆弱性来度量，如式（3-3）。基于这一基础理论，国内外学者提出了城市风灾综合风险指数法，如式（3-4）。

$$\text{Risk（风险）} = \text{Hazard（危险度）} \times \text{Vulnerability（脆弱度）} \tag{3-3}$$

$$W = (T / n) \times C \tag{3-4}$$

式中：W——风灾风险指数；

T——灾次指数，指某时段风灾发生的次数；

n——年数；

C——承灾体脆弱性指数。

城市风灾的灾次指数越大，该地区风灾风险越高。城市风灾承灾体脆弱性包括自然、社会、经济和环境等因素的综合状态或过程，决定了在给定致灾因子作用下遭受破坏的可能性大小。承灾体脆弱性指数数值越高，风灾风险越高。

采用综合风险指数法评估城市风灾风险时，考虑数据获取的难易程度，选用人口、GDP、道路、土地利用类型等作为城市风灾承灾体脆弱性指数的核算指标，然后细化及标准化核算指标，采用回归分析法、模糊综合评价法、层次分析法或熵值法获得各级指标的脆弱性权重，并利用 ArcGIS 的空间分析功能等对所有指标进行脆弱性叠加分析，获得城市风灾承灾体的综合脆弱性指数，进而得出城市风灾风险指数。

（二）典型研究案例

国内外学者采用综合风险指数法，结合层次分析方法及 ArcGIS 等工具，在城市风灾风险评估领域开展了深入的研究，取得了较多可喜的成果。目前对城市风灾风险评估的研究，主要为利用数理统计理论和方法结合计算机模拟，进行风灾风险性分析，从而对风灾损失进行评估，其中张晓宇等（2018）基于 GIS 开展的广东省台风灾害风险性评价研究较为典型。

该研究基于自然灾害风险性评价理论和方法，以广东省台风灾害及社会经济统计数据、遥感影像数据和其他类型数据为基础，从灾害危险性、孕灾环境敏感性、承灾体脆弱性、地区防灾减灾能力 4 个方面出发，选取了承灾体脆弱性指数（人口密度、GDP 分布、道路网密度、土地利用指数）、台风危险性指数（日最大降雨量、日最大风速、风暴潮）、孕灾环境敏感性指数（地表起伏度、地质危险指数、高程、河网密度、植被覆盖）、防灾减灾能力指数（人均收入、人均病床数、人均医护数）作为评价因子，综合运用三角模糊数层次分析法（TFN-AHP）和熵值法，确定各因子权重，建立广东省台风灾害风险评估模型。利用 SPSS 进行回归分析，建立灾情指数与孕灾环境敏感性指数、台风危险性指数、承灾体脆弱性指数及防灾减灾能力指数之间的关系。结合 GIS 空间叠加分析技术，得到广东省台风灾害风险评估模型图，从而实现了对广东省台风灾害风险等级的定量评价及图形化。通过综合风险指数法评估广东省台风灾害风险，得出广东省台风灾害风险程度区域差异明显，风险性较高的区域为广东省南部沿海地区如湛江、珠海、汕尾等地，风险性较低的地区是广东省北部地区如清远、韶关等地。

二、城市内涝灾害

（一）评估方法概述

内涝灾害作为一种常见的城市灾害，一直都是国内外学术界广泛关注和探讨的重点。如何在城市内涝灾害形成机理基础上对城市内涝灾害进行风险评估分析，并提出相应的应对技术框架，已成为城市灾害研究领域亟待解决的热点问题。传统的城市内涝灾害风险评估方法包括历史灾情数理统计法、指标体系法、水文水力学模型与仿真模拟法等。随着计算机技术以及地理信息系统的发展，针对已有城市内涝灾害风险评估方法的局限性，学者们在此基础上提出了基于情景模拟的评估法，并将其广泛应用于基于小尺度的城市内涝灾害风险评估中。基于情景模拟的评估法可以动态模拟及评估内涝灾害，并精确展示灾害风险的空间分布特征，是当前城市内涝灾害评估研究的主流方向。

1．历史灾情数理统计法

该方法主要利用数理统计手段，对城市内涝的历史灾情进行统计分析，找出内涝灾害发展的规律，建立内涝发生概率与其影响因素的统计模型，通过研究暴雨重现期、洪水淹没范围与不同财产损失率的关系，对未来内涝灾害造成的可能损失进行预估。基于历史灾情数理统计法计算简单，不需要详尽的地理背景数据，但由于内涝观测数据和灾情数据的缺乏，在应用上具有一定的局限性。此外，由于人类对城市发展的合理规划改变了城市的孕灾环境，降低了承灾体的暴露性与脆弱性，因此用历史资料预测未来灾害风险发生的概率有待进一步的验证和考量。

2．指标体系法

指标体系法用于内涝灾害风险评估的思路是根据灾害系统的特点，凭借经验选取人员伤亡、经济财产损失、生态环境损失、灾害救援损失等方面的指标构建评估体系，通过一系列数学方法对原始指标进行处理，最后得出区域内涝灾害风险评估结果。该方法广泛应用于对精度要求不高的大尺度风险评估中，可以宏观上反映区域风险状况，但评价指标选取往往受限于可获取数据，可能出现“以偏概全”现象，无法完全反映灾害风险的空间分布特征。

3．基于情景模拟的评估法

基于情景模拟的评估法通过设计不同频率暴雨情景，基于城市雨洪模型、水文水力学模型等进行数值模拟，进而计算出不同情景下暴雨可能引起的城市内涝淹没范围、水深及历时，从而分析其灾害风险程度和等级。其主要步骤如下：

（1）利用遥感影像解译获取城市土地利用数据，结合城市土地利用、土壤特征、降水等因素对已有的城市地表径流模型进行本地化修正，综合利用水文分析法和指数法定量分析城市水文和下垫面时空演变特征及二者间的动态关系，分析城市化下城市孕灾环境敏感性。

（2）构建简化的城市暴雨内涝模型，确定城市内涝情景模拟方案，借助遥感（RS）和 GIS 平台模拟不同强度和频率暴雨作用下城市内涝情景，对城市承灾体的脆弱性和暴露性进行分析，识别城市易涝区的空间分布。

（3）基于最大熵原理构建城市暴雨内涝灾害风险概率预测模型，以历史内涝点和影响城市内涝的地理环境变量为输入数据，分析城市内部各个区域发生内涝的概率，对模型预测结果进行实例验证分析。

（4）利用风险矩阵法和 GIS 栅格叠加分析法，制作城市暴雨内涝灾害综合风险区划图，识别城市风险区位置和规模。

基于情景模拟的评估法不仅可以动态模拟内涝灾害的形成过程，实现灾害风险的空间可视化表达和动态评估，而且能够直观、高精度地反映灾害事件的影响范围和程度，高精度地展示灾害风险的空间分布特征，为洪涝灾害风险管理提供高精度的数据支撑。

（二）典型研究案例

在综合应用上述方法的基础上，众多学者们针对城市内涝灾害风险特征和演变规律、灾害综合防治对策等展开了一系列研究，为国内外城市内涝的防治、调控以及海绵城市规划和建设等提供了较好的科学参考与依据。苏伯尼等（2015）基于情景模拟法，以福建龙岩市新罗区为例开展的城市内涝动态风险评估，具有一定的典型性和代表性。

该研究以数平方公里范围的城市中小尺度区域——新罗区的中心城区为研究对象，通过查阅文献、调研等途径获取龙岩市不同重现期、不同持续时间的暴雨降水量数据。采用二维水力学模型对龙岩市不同重现期、不同持续时间的暴雨进行内涝动态情景模拟，得到了各种暴雨情景下积水深度分布随时间的演化过程。通过对水深模拟结果进行统计，得到整个暴雨过程中各网格出现的最大水深，在此基础上，建立脆弱性曲线，得到建筑物等承灾体的损失率与淹没水深等因素之间的关系。依据脆弱性曲线，该地区不同降雨情景下各网格单位面积经济损失值与该网格内建筑物所占面积的乘积即为各个网格中的因灾损失，从而计算地区内涝灾害损失，进一步评估其内涝灾害风险水平。研究结果表明，不同重现期、不同持续时间的暴雨导致的积水区域具有较大程度的一致性；暴雨重现期越长，导致的积水和经济损失越严重；雨水井可以有效降低内涝风险，其密集程度与积水深度、内涝灾害损失成反比关系。研究结果较真实地反映了积水内涝的动态演进过程，提高了城市内涝风险评估的精细化程度，可为城市排水系统的合理规划提供参考。

三、城市高温灾害

（一）评估方法概述

高温灾害风险是从自然灾害风险中分离而出的，在其评估研究的前期，主要以高温时间、极端高温为主要评估指标。目前高温灾害风险评估方法多种多样，但还没有形成统一的、标准的方法体系，各类方法大同小异，大多以高温热浪指数表征城市高温灾害风险水平，通过选取和量化高温灾害发生的暴露度、危险性，系统脆弱性及适应性等方面的评估因子，建立合理统一的空间风险评估系统，从而全面识别与评估极端高温给城市带来的风险。根据原始数据及种类的不同，城市高温灾害评估因子权重量化和评估模型构建方法主要分为图层叠置法、主观赋权法、客观赋权法、组合赋权法和模糊综合评价法。

在一些城市高温灾害风险分析中，通常以大于高温阈值的天数作为危险性指标，缺乏对高温灾害极值的考虑。高温灾害风险分析中，进行不同重现期风险分析的大范围研究较少，高温灾害风险分析精度较低。城市空间数据作为常用的评估指标，存在不确定性、复杂性以及多重性等特点，需要采用合适的模型将这些复杂的空间数据进行整合叠加，才能科学全面地揭示城市高温灾害风险情况。因此，现阶段的高温灾害研究中，多结合 GIS 空间技术对多元数据进行分析整理，通过模糊综合评价模型对城市高温灾害风险进行评估。

1．图层叠置法

该方法主要用于空间数据处理，假设各评估因子权重相等，通过进行图层的直接叠加得到高温灾害脆弱性空间分布情况。其优点是数据处理简单、易于进行空间分析、可以更好地识别高温灾害风险的区域性分布，但使用该方法处理数据时只是对不同数据层进行了单一的叠加计算，无法明确不同指标对高温灾害风险影响的差异性，所得到的结果精度及可信度都不高。

2．主观赋权法

该方法通过让专家主观判断高温灾害评估指标的重要程度，并结合以往经验确定各指标权重，再通过各层次不同因素进行两两比较的方法，采用定性与定量相结合的方式实现高温灾害风险的评估与分析。专家在给评估指标打分过程中具有一定的主观性，因此，该方法用于高温灾害风险评估的准确性仍待考量。

3．客观赋权法

客观赋权法使用的数据由决策过程中的实际数据确定，各指标权重由不同属性数据在评价中的属性差异值确定。该方法可以较高程度地消除主观性的误差、更加清晰地表示高温灾害各评估指标之间的关系及其在评估中的贡献。高温灾害风险性评估是一个综合的过程，涉及社会经济、自然等多重因素，此种方法的精确程度主要依赖于所选取指标的正确性，评估结果同样存在较大的局限性。

4．组合赋权法

组合赋权法综合了主观、客观赋权法的优点，包括折衷系数综合权重法、线性加权单目标最优化法、熵系数综合集成法等。该类方法虽然避免了主观性造成的误差，但由于算法复杂，实用性不高。

5．模糊综合评价法

模糊综合评价法通过结合 GIS 空间技术对多元复杂的空间数据进行叠加分析，以此为基础构建模糊综合评价模型，进而评估城市高温灾害风险。该方法主要包括以下步骤：

（1）根据城市高温灾害的特征、成因等条件建立评估指标体系。

（2）将获取的多源数据进行等级划分，确定城市高温灾害指标等级，并将定性数据进行等级定量化。

（3）建立城市高温灾害隶属函数。

（4）将多源数据分为致灾因子、孕灾环境以及承灾体 3 个方面，并将所有指标进行隶属划分，构建城市高温灾害隶属关系矩阵。

（5）采用层次分析法，确定城市高温灾害权重向量。

（6）将各个指标与对应权重进行叠加，得到致灾因子危险性、孕灾环境敏感性以及承灾体易损性情况。

（7）对致灾因子、孕灾环境以及承灾体进行叠加分析，得到城市高温灾害风险分布情况。

（二）典型研究案例

对城市高温灾害的风险进行评估有助于减少高温灾害造成的损失，优化高温风险管理，从而合理、有效地规避和减缓高温风险。城市高温灾害风险评估近年来才受到学术界的关注，目前将城市空间多源数据融入高温灾害领域的研究尚处于初级阶段，以多源数据为基础，结合模糊综合评价法开展的城市高温灾害方面的研究成果较少，其中，陈明春（2018）以重庆市中心城区为例开展的城市高温灾害风险评估及规划应对，是这类方法的典型应用。

该研究以城市规划学为基础，以重庆市中心城区为研究对象，从高温灾害致灾因子、孕灾环境及承灾体出发，首先，通过遥感影像、网络媒体、气象监测站及实地测量 4 种途径获取城市高温灾害数据。其次，对数据进行筛选处理，如利用热红外线波段数据，采用单通道法反演了城区的地表温度；利用空间中的点要素，采用核密度分析方法探究空间中点要素的量级情况等，从而提取城市高温灾害风险评估指标。再次，通过 GIS 空间分析技术，对多源数据进行分析整理，综合叠加致灾因子、孕灾环境及承灾体等相关因子，得到中心城区高温灾害风险分布情况。最后，以精确数据与非精确数据为基础构建模糊综合评价模型，并采用层次分析法确定城市高温灾害风险评估各项指标的权重，通过模糊综合评价法科学评估重庆市中心城区的高温灾害水平。结果表明，重庆市中心城区高温灾害风险等级普遍较高，高温灾害高风险区呈多中心块状分布在整个中心城区，主要分布在渝中区、九龙坡以及江北区等中心城区的中部地区。研究结果为城市总体规划、控制性详细规划以及城市设计层面中城市高温灾害风险应对策略的提出提供了参考依据。

四、城市地质灾害

（一）评估方法概述

地质灾害风险评估是一项复杂的系统分析过程，随着风险评估研究的进展，城市地质灾害风险评估工作也在不断进步，开始融入多种数理分析和社会经济评价方法。目前，国内外学者在城市地质灾害风险评估研究中采用的方法主要包括层次分析法、综合指数评价法、模糊综合评价法等，这些方法也是灾害风险评估中常用的方法，其在各类城市灾害评估中的应用过程大同小异，具体细节在前面的章节均有所介绍。城市地质灾害风险评估方法形成的理论基础存在差异，导致计算所需数据不同，每种评价方法均存在优缺点，在选择计算方法时，根据研究区的实际情况选择合适的方法。在众多评估方法中，以地理信息技术为支持、结合层次分析法以及模糊与实证权重分析法的综合性评估方法，在城市地质灾害风险研究中应用较为广泛。

综合性评估方法一般从城市地质灾害致灾因子的危险性和承灾体的易损性为切入点，研究其构成因素的相互关系，从而确定各类直接和间接致灾因子的作用水平，具体的操作步骤如下：

（1）利用 GIS、全球定位系统（GPS）科学技术，对城市人口、居民地、物质财富、土地资源和各类承灾体的价值等进行调查。

（2）建立城市各类地质灾害危险性评价指标体系。

（3）采用 GIS 技术，对城市区域内滑坡、地面塌陷等多发的地质灾害进行危险性评价、易损性评价及风险评价。

（4）编制基于 MapGIS 技术的城市地质灾害风险区划电子地图，为地质灾害动态风险管理提供技术支撑。

（二）典型研究案例

遥感数据成图技术、数字化模型、全球定位系统与地理信息系统等技术的广泛运用与借鉴，使得城市地质灾害风险评价的精确性不断提高。综合性评估方法的广泛应用和发展，不仅在城市地质防灾减灾方面发挥了重要作用，也为城市灾害风险评估工作逐步走向成熟奠定了基础。随着近几十年城市地质灾害损失的日益严重和相关学科理论、技术的迅速发展，国内外城市地质灾害风险评估工作取得了诸多重要进展，涌现出较多的典型研究案例和成果。姬怡微等（2018）开展的陕西省韩城市地质灾害风险评估，具有一定的代表意义。

该研究以陕西省韩城市 1∶50 000 精度的地质灾害详细调查数据及相关社会、经济资料为基础，考虑地质灾害危险性和易损性两方面的因素，基于层次分析法，并结合概率统计方法、ArcGIS 等手段，利用综合性评估方法评估地质灾害风险。

地质灾害危险性评价：选取坡高、坡形、坡度、降雨等 10 个评价指标，利用 ArcGIS 对各个评价指标进行栅格化及归一化处理，利用层次分析法确定各个评价因子权重，然后进行加权叠加，概化形成韩城市地质灾害易发评价区块图。在此基础上根据受威胁人数和经济损失确定险情等级，将易发评价结果与险情等级进行叠加，得到研究区危险性评价结果。

地质灾害易损性评价：将承灾体易损性分为人口易损性和财产易损性，以划分网格的形式创建模块，利用调查与统计数据，分别计算各个区块人口比率（因灾人口死亡总和/受威胁人口总和）及财产损失比率（已造成的财产损失总和/可能造成的财产损失总和）。然后将人口易损性和财产易损性在单个区块内进行叠加，按“就高原则”（即在相同区块下，人口易损性等级和财产易损性等级哪个高就选择其易损性等级进行计算）选择易损性等级，形成承灾体易损性评价分区结果。

将地质灾害危险性评价结果和承灾体易损性评价结果进行叠加，按地质灾害风险性评价标准对地质灾害风险评估结果进行分区，并在空间上形成研究区地质灾害风险程度评价图，综合分析其地质灾害风险程度。

该地质灾害风险评估分区图将韩城市分为高风险区、中风险区和低风险区，其中低风险区面积最大，占研究区总面积的 83.4%；高风险区以地面塌陷为主，单个灾害点威胁住户较多，占研究区总面积的 6.35%。该研究根据不同的风险等级提出了不同的防治建议，为政府部门进行宏观决策和减灾防灾提供了基础依据。

五、城市火灾

（一）评估方法概述

城市火灾风险评估是以某一区域为对象的火灾评估，其目的在于根据不同火灾风险等级，配置消防救援力量，为各级政府研究制定相关政策、指导消防工作提供决策参考。近年来，国内外众多学者在城市区域火灾风险评估研究中形成了较多成熟的评估方法，主流的研究方法可分为概率预测类方法、指标体系类方法和定量与定性综合评估法。其中，定量与定性综合评估法是国内目前应用最多的火灾风险评估方法。

1．概率预测类方法

概率预测类方法是根据特定区域的火灾历史记录数据，采用包括数理统计、回归分析等方法对未来火灾发生概率和损失程度进行预测。该类方法往往以火灾事故概率计算、火灾后果计算、火灾影响指标因素对风险的贡献度等为基础分析火灾风险水平，包括离差及均方差法、数值模拟分析法等。其最主要的弊端在于所得到的特征模型虽然能够很好地反映过去火灾的状况，却难以识别区域内存在的致灾因素，难以恰当地评估致灾因子的影响程度。

2．指标体系类方法

该方法通过建立火灾风险评估指标体系，根据待评估区域的实际情况逐项打分来确定该区域的火灾风险等级，包括主成分分析法、模糊层次分析法、灰色关联度法、熵权法等。由于我国尚未颁布城市火灾风险评估的规范化体系及方法，导致各学者构建的指标体系各异，评估结果深度不一。此外，评估指标体系中存在较多定性指标，未明确相关指标的量化标准，评估的主观性较强。同时，评估指标选取较为宏观，忽略了城市典型场所的消防特征调研，未明确城市独有的火灾危险性。

3．定量与定性综合评估法

定量与定性综合评估法将分析对象的风险表示为某种形式的分度值，从而区分出不同对象的火灾风险程度，分度值往往通过量化定性的评估指标计算获得，包括模糊数学评价法、层次分析法、集值统计法（董铭鑫，2019）、神经网络法等，其评估流程如图 3.1 所示。定量与定性综合评估法的优点在于评估结果随评估人的主观意识不同而波动较小，可以得出合理的评估结果，又不缺乏客观性，具有较高的科学性与应用性。

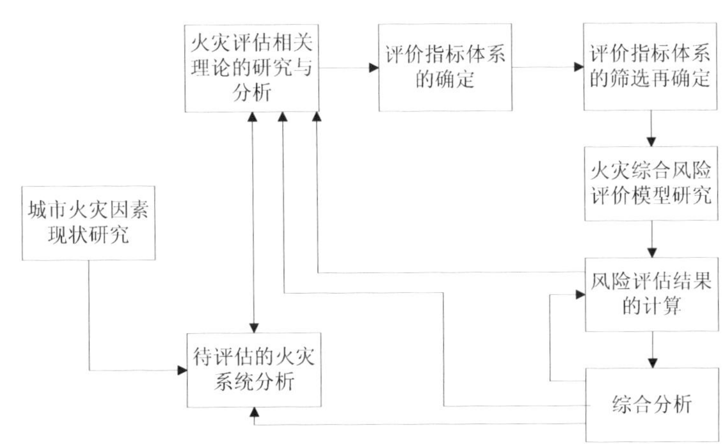

图 3.1　城市火灾风险综合评价流程

（二）典型研究案例

目前国外针对火灾风险评估的理论研究较多，大部分都是关于森林火灾和具体建筑火灾的风险评价研究，而对城市火灾综合风险方面的研究却寥寥无几。美国通过分析消防部门、消防出警和供水等方面，建立了社区灭火能力评价指标体系；英国火灾风险评价的研究重点是在城市消防力量的部署方面，研究如何高效地防灾减灾；日本早在 20 世纪 80 年代末期就对城市火灾的风险评价有了研究，但研究深度较浅，只是从城市火灾的防灾减灾方面入手加强政府的行政管理。国内学者对城市火灾风险综合评估实践做了很多积极的探索，并取得了较为可观的成绩。其中，鲁钰雯等（2019）基于多源数据开展的城市火灾风险评估及其他学者的研究工作和成果，为我国城市消防规划及安全发展提供了借鉴和参考。

鲁钰雯等（2019）充分运用规划、经济、社会等方面的多源数据，以厦门市为研究对象，以街道为研究基本单元，从实用性和可操作性出发，选取人口密度、地均 GDP、消防安全用地级别、建筑年代、建筑层数、易燃易爆设施等指标构建评价指标体系。依托 ArcGIS 软件对数据进行配准和格式转换，构建包括传统数据和新兴数据在内的多源数据火灾风险数据库。通过专家打分法和层次分析法相结合的方式确定火灾风险影响因素的权重，将各因子层结果进行累加得到最后的评估分数，从而确定各研究单元的火灾风险等级，实现火灾风险在空间上的可视化表达。结果表明，厦门市高火灾风险区域位于老城区的嘉莲街道、夏港街道，主要是人口密度大、消防安全重点地区面积大、建筑质量较差、消防负荷较大等原因综合造成的。该研究通过综合考虑不同类型的火灾影响因素对火灾风险的影响程度，将风险评估结果与现状及规划情景下的消防力量评估结果进行空间上的匹配分析，有利于促进厦门市消防资源配置的优化、区域消防安全的提升和城市可持续发展。

第四章

城市灾害风险防范与应急管理

城市灾害对人类的影响随着城市人口的增长和集中、经济发展和集聚而日益突出。城市灾害防范能够最有效地降低灾害风险，减少灾害损失（冯祥源，2014）。王绍玉等（2005）在《城市灾害应急与管理》中构建了风险管理的理论与框架，探索了我国城市灾害应急管理体制和运行机制。史培军等（2007，2009）提出应进行综合灾害风险防范的实践，建立综合灾害风险防范模式，统筹分析多灾种脆弱性、恢复性和适应性，整合政府、企业和社会减灾资源。Walter（2008）在气候变化的背景下，提出了适应该变化的灾害风险降低策略，将防范巨灾风险和城市可持续发展相结合，并站在全球和大区域的角度来制定城市灾害综合风险防范模式。美国在1900—2015年一个多世纪的时间里，从无政府到联邦政府支持和政府间协同合作，从应急到防灾减灾，从工程防灾到城市规划，不断在灾后总结经验教训、修正提高，并提出城市灾害风险管理只靠应急显然不够，更应该防患于未然，防灾减灾需要纳入城市总体规划进行全盘考虑，利用城市规划手段进行灾害防控，才能有效降低灾害带来的损失（肖渝，2017）。因此，开展城市灾害风险防范与应急管理，是有效降低城市灾害风险、减少城市灾害造成损失的重要举措。在城市灾害风险识别与评估结果的基础上，充分考虑城市区位特征、地理条件和自然地理单元的完整性，合理地、科学地提出有针对性的防范及应急策略，并重视城市规划在灾害防范中的应用，从而有效降低城市灾害带来的风险及危害。

第一节　城市灾害风险防范与应急管理策略

一、强化城市灾害风险防范制度建设

（一）建立健全城市灾害风险防范法制体系

法制是法律和制度的总称，一切社会关系的参与者都需要严格地、平等地执行和遵守法律制度，以法制手段防范城市灾害风险，尤其是人为因素造成的城市事故灾害风险，是降低城市灾害发生率最行之有效的方法之一。国际发达国家及大都市在灾害风险防控方面均强化法制，建有较完备的城市灾害风险应对法律体系。如英国的《民事紧急状态法》《国内紧急状态法案执行规章草案》；美国的《罗伯特·斯坦福救灾与应急救助法》《全国突发事件管理系统》《紧急状态管理法》等；日本的《自然灾害对策基本法》《灾害救助法》《灾害基本对策法》《东京震灾对策条例》等相关法律法规，这些法律法规均对国家风险防范工作提出了统一、明确的要求。

我国针对城市灾害也制定了一系列法律法规，如《中华人民共和国突发事件应对法》；地质灾害相关的《中华人民共和国防震减灾法》《地震监测管理条例》《地质灾害防治条例》；火灾事故相关的《消防法》《民用爆炸物品安全管理条例》《森林防火条例》；环境领域的《环境保护法》及针对水、大气、土壤、固体废物、噪声等方面的专项污染防治法；城市生命线事故相关的《铁路交通事故应急救援和调查处理条例》《电力安全事故应急处置和调查处理条例》等。

将城市灾害风险防范与应急管理通过立法予以确保，在借鉴国际国内先进做法基础上，结合城市特色，探索制定城市相应灾害管理法规、灾害预防法规、灾害应急法规和灾害恢复、重建及其财政金融法规，把城市灾害风险防控纳入法制轨道，加大对城市灾害风险防范和应急管理实施的力度，从而唤醒公众的城市灾害风险管理意识，使得各种与城市安全及防灾相关的事业有了制度和财政上的保障，相关的机关团体和个人依照法律也都明确了自己应尽的责任和义务。

（二）完善城市防灾减灾规划

城市综合防灾减灾规划是城市规划的一项重要内容。城市灾害具有突发性、隐蔽性、不可预见性、后果严重性等特点，能否在城市建设和规划之初考虑周全、规避灾害是城市灾害风险防范的重点之一。在城市总体规划的基础上，明确城市灾害性质及背景，逐步完善城市消防减灾规划、城市防震减灾规划、城市地质灾害减灾规划、城市水安全规划、城市气象减灾规划、城市生命线减灾规划、地下空间与防控防灾规划、应急交通规划、城市防疫规划等，全面提升城市建设灾前预防能力，从而有效抵御地震、洪水、飓风等自然灾害以及其他各类灾害，保护人类生命财产安全。2019 年，广州市审议通过了《广州市城市建设防灾减灾规划（2019—2025 年）》，以及地质灾害、防风、防汛、城市重要生命线防灾 4 个专项的城市建设防灾减灾规划，为城市开展灾害风险防范工作提供了专业性指导。

就城市生命线而言，电力、供（排）水、交通运输、燃气、通信、网络等与城市发展环环相扣，形成一个复杂的城市系统，其综合防灾减灾不仅要求保障系统硬件安全，也要求与之相应的非工程性策略及措施的安全度。目前对城市生命线的安全规划上主要有两个方面，一是工程类的规划，即对于城市生命线系统工程建设中的安全规划，以及在防灾工程建设中的防灾设计和耐久性控制；二是非工程类的规划，主要包括编制各项专项预案、完善物资储备和应急人员、制定和完善法律法规、公众的灾害知识的宣传、推行保险体制、应急管理人员的培训、演练培训等（李嘉莉，2017）。合理规划城市防灾减灾建设，能够在很大程度上降低城市灾害可能造成的严重后果，降低事故灾害发生的概率。

二、完善城市灾害风险监测与预警体系

（一）建立完善监测与预警体系

随着社会经济系统各个环节之间的互联性快速增加，单一灾害往往会引发一系列的次生灾害，如降雨引发坍塌事故等。灾害风险的关联性，使得许多灾害风险仅凭一个单位、一个部门、一个行业的监测与识别难以实现。因此，建立一套完整的城市灾害综合监测与预警体系，综合运用遥感、卫星定位、地理信息系统、

物联网、大数据等现代信息技术手段，通过整合各行业灾害监测资源，建设纵向到底、横向到边覆盖全域，企业和社会广泛参与，集卫星遥感监测、地面监测站网速报、专职信息员直报等多种功能为一体，常态化、业务化的灾害风险监测网络，实现单一风险管理模式向综合性管理模式转变，能够为有效完成城市防灾减灾任务奠定基础。

以气象灾害监测预警为例，我国已建成集地面观测、高空探测、卫星遥感及雷达探测为一体的综合、立体监测网，建立了高时空分辨率的数字化、网格化预报业务，可对暴雨、强对流天气、台风等气象灾害进行预警预报。中国气象局发布的《突发气象灾害预警信号发布试行办法》，规定统一实行从低到高分别为蓝色、黄色、橙色、红色四级预警信号系统，其中红色预警为预警信号中的最高级别，表示 6 h 内可能或者已经受热带气旋影响，沿海或者陆地平均风力达 12 级以上，或者阵风达 14 级以上并可能持续，各级政府、社会组织和个人应采取停课、停业、危房人员转移、搭建物加固或拆除等应急和抢险准备。

美国气象灾害警报发布传输服务，一部分是由电视、广播、网络等公众媒体迅速传播的，一部分是由国家气象系统建立的专门分发服务系统来完成，包括天气警报广播系统、天气有线服务系统、家庭气象服务系统、应急管理气象信息网络服务系统，各种灾害性天气预警信息的制作和发布服务按照属地及责任区原则由美国国家气象局（NWS）的 121 个气象台负责，每个气象台均设有 1 名专职气象灾害警报协调官，专门负责气象灾害警报应急工作（黎健，2006）。英国的全国恶劣天气预警服务一般通过 3 种渠道传达，即通过广播媒体通知民众、通知民用紧急服务系统以及国防系统（情况极其严重时通知国防部派遣军队参加救援）。日本气象厅和国土交通省是主要的灾害信息管理部门，日本气象厅负责发布各类恶劣天气警报和天气通报，国土交通省下设的防灾信息中心专门管理灾害信息并向社会发布各类灾害信息。

（二）提升监测预警技术水平

城市灾害风险监测预警覆盖范围的广泛性，监测预警信息的及时性与准确性，对开展城市灾害风险防范工作至关重要。这就需要充分运用现代化科技手段，如遥感技术（remote sensing）、地理信息系统（geographic information system，GIS）、全球定位系统（global positioning system）、实时监测（real-time monitoring）技术、雷达影像（radar image）、光卫星影像（optical satellite images）以及航空摄影（aerial photography）技术等，提高城市灾害风险监测预警水平，提升城市灾害应急救灾反应能力。城市灾害风险监测预警科技水平的提高需要政府部门投入大量的资金、人力，创造研究条件，同时要鼓励民间研究机构的参与。

近年来，我国的自然灾害技术取得了较大的进步，如洪水、地质灾害预报的整体技术位居世界较先进行列。2017 年 1 月，国土资源部印发了《全国地质灾害防治“十三五”规划》，推广构建群专结合的地质灾害监测预警网络，对滑坡、地面塌陷等地质灾害隐患建立群测群防制度，形成监测数据智能采集、及时发送和自动分析的监测预警系统，同时健全全国地质灾害专业监测网络，对全国 3 000 处地质灾害隐患布设专业监测仪器。中国电子科技集团第二十二研究所基于军工探雷技术自主研发成功了一套国内先进的 LTD-60 探地雷达综合检测系统，集成阵列雷达系统、线扫描照相机、激光补光系统、高清晰视频采集系统等，以机动车辆为平台，在正常车速下对地铁沿线及重点道路的路面质量、道路结构层病害、路下裂隙和空洞、道路两侧的路况进行全方位“CT”扫描，完成“由表及里、由浅入深”的高速精确探测（陈晨，2019）。成都高新减灾研究所开发出的一套地震预警技术系统，应用于 2013 年 4 月里氏 7.0 级的雅安地震灾害监测预警中，为雅安主城区留出了 5 s 的预警时间，为成都市主城区留出了 28 s 的预警时间，大大减少了地震灾害中的人员伤亡和财产损失（蒋亮，2013）。开展各类城市灾害风险监测预警高新技术的研究，并积极借鉴国外先进技术，提高城市灾害风险监测预警科技水平，是有效防范城市灾害风险的有力措施。

（三）加强跟踪监测监控能力建设

对于某些隐蔽性强、持续时间长的城市灾害风险，如突发公共卫生灾害，在做好监测预警工作的基础上，还应加强对其跟踪监测监控，防止城市灾害风险态势蔓延。2004 年 1 月，我国启动了传染病疫情和突发公共卫生事件信息报告系统，逐步完善疾病预防控制信息系统平台建设，实现了对季节性流感流行强度和病毒变异的实时监测预警。从 2003 年 SARS 时期的“守望相助”到甲型 N1H1、H7N9 禽流感的“有效应对”，再到 P4 实验室实现“积极防控”，我国成功构建了全球最大的突发急性传染病预警、监测、实验研究体系，从组织体系、人员、设备、技术等方面大大提高了监测新发传染病的能力，通过上下通达的疾病监测网格，可以监测调查并及时发现新传染源或新的病原体以及影响因素，迅速采取有效措施，控制其扩散和蔓延。2011 年 11 月 15 日，卫生部等 6 部门联合印发了《2012 年国家食品安全风险监测计划》，监测内容包括食品中化学污染物和有害因素的监测项目近 140 项，包括对乳制品中三聚氰胺的监测、饮料产品中塑化剂的监测等。现行的食品安全监测预警体系有效降低了我国食源性危害事故的发生。

三、提升城市灾害风险应急能力

（一）加强城市灾害风险应急管理

应急管理是指政府及其他公共机构在突发事件的事前预防、事发应对、事中处置和善后恢复过程中，通过建立必要的应对机制，采取一系列必要措施，应用科学、技术、规划与管理等手段，保障公众生命、健康和财产安全，促进社会和谐健康发展的有关活动。我国支持以“常规突发事件应急管理研究”为代表的大批应急管理研究项目，推动了我国应急管理模式上的不断创新和完善，逐步形成了以政府为主导、以“一案三制”（预案，体制、机制和法制）为核心的中国特色应急管理模式，大大提高了应对突发事件的能力。《国家突发公共事件总体应急预案》明确了我国“分类管理、分级负责、条块结合、属地管理”为主的应急管理体制建设目标，并对突发公共卫生事件的应急组织体系、部门职责、监测和报告、事件分级与分级响应、应急保障等方面作出了明确规定。美国的自然灾害应急管理由美国国土安全部负责，采用“属地原则”的区域管理模式实行“国家—州—郡”三级管理，国家级应急管理工作由国土安全部下属的国家应急管理署（FEMA）全面协调负责，州一级灾害应急管理由紧急服务办公室（OES）负责协调，郡一级由紧急营救中心（EOC）负责承担灾害应急一线职责（辛吉武等，2010）。坚持预防与应急相结合，常态与非常态相结合，做好应对突发公共事件的思想准备、预案准备、组织准备以及物资准备，是应急管理工作有序开展的基础和前提。

（二）编制城市灾害风险防范应急预案

针对城市灾害的复杂性，必须建立突发事件应急和响应体系，包括应急组织、应急程序、应急预案、应急通信、应急防护和救援、应急技术装备、应急状态终止和善后处理、应急培训和演习、公众教育等内容。其中，应急预案是应急救援系统的重要组成部分，其目的是防患于未然，指导应急人员的日常培训和演习，保证事故发生时各项工作能按照预案科学有序地进行（毛小苓等，2004）。随着2006年1月8日国务院发布的《国家突发公共事件总体应急预案》出台，我国城市灾害风险应急预案框架体系初步形成，应急监测和预警能力不断提高。2016年1月10日，国务院办公厅颁布了《国家自然灾害救助应急预案》，同年11月25日，中国气象局发布了《国家气象灾害应急预案》，以防范和应对国内台风、暴雨、高温等气象灾害事件。此外，还有《国家突发公共卫生事件应急预案》《国家食品安全事故应急预案》等公共卫生相关的应急预案；《国家处置城市地铁事故灾难应急预案》《国家处置铁路行车事故应急预案》《国家大面积停电事件应急预案》等生命线系统事故应急预案；《国家突发环境事件应急预案》等环境污染事件应急预案。北京、上海、浙江、山西、内蒙古等全国各大、中、小型城市均按国务院要求编制了城市灾害风险应急预案，其中上海市人民政府官方网站对其专项应急预案进行了分类，事故灾害相关的专项应急预案有24个之多，囊括了大面积停电、道路交通事故、处置危险化学品事故等多个方面。

城市灾害应急预案的制定有利于提高政府保障公共安全和处置突发公共事件的能力，最大限度地预防或减少城市灾害事件发生及其造成的损害，保障公众的生命财产安全，维护国家安全和社会稳定，促进经济社会全面、协调、可持续发展。以江苏大学附属宜兴市人民医院为例，2012年该院接诊52名集体食物中毒的工厂员工，紧急启动群体急性食物中毒救治应急预案，合理配置医疗资源，及时检伤分类，按照症状严重程度依次安排相应救治，最终使全部患者都得到了及时有效的救治，无后遗症、无死亡，治愈率达100%。

（三）制定有针对性的救援方式

由于城市事故灾害的类型多样、诱因各异，所需对应采取的应急救援方式也存在很大差异，就不同类型的城市灾害风险必须采取具有针对性的手段和措施进行科学有效的应急救援。如城市事故灾害包括火灾事故、生命线系统事故以及环境污染事件，其中火灾事故包括固体物质火灾、液体或可熔化固体火灾、气体火灾、金属火灾、带电火灾、烹饪物火灾等；生命线系统事件包括交通、能源、通信、给排水等城市基础设施事件；环境污染事件包括水污染事件、大气污染事件、噪声与振动危害事件、固体废物污染事件、农药与有毒化学品污染事件、放射线污染事件等。

2015 年 8 月 12 日，天津港发生危险化学品火灾事故，由于危险化学品大多属于易燃易爆品，有些化学品火灾遇水反而会加大火情，因此开展救援过程中必须区别于传统火灾救援方式，需要调用专业救援人员对事故现场进行全面侦察，采取有针对性的灭火方法控制火情，保障被困人员和救援人员的生命安全。就危险化学品事故而言，燃烧物质成分不同所对应采取的应急救援方式也不尽相同，铝粉、镁粉等粉状易燃化学品着火，若使用灭火器直接进行扑救则会在空气中形成爆炸性混合物引发连续性爆炸；硝基化合物、硫黄等危险化学品遇火燃烧会产生有毒气体，扑救时救援人员应当站在上风口并做好个人防护（王加军，2018）。

四、提升城市防灾减灾能力

（一）合理规划城市地下空间

城市地下空间规划主要应用于地面坍塌灾害和内涝灾害治理。城市对地下空间的规划和开发利用程度已逐渐成为评价城市发展水平的重要指标之一，包括地下交通、地下综合管廊、地下停车场、防涝地下水道、地下综合体等方面的地下空间开发，部分发达国家地下空间开发深度达数十米，甚至部分国家开发深度近百米，以缓解城市建筑用地、交通拥堵等紧张局面。但城市建设的前期规划和后期管理中存在重视地上规划而忽视地下规划、地下空间规划不合理的情况，再加上地上道路施工建设频繁等因素，加剧了城市地面的不稳定性，由此引发的地质灾害及内涝灾害事件也逐年增加。

为加强城市地质灾害和内涝灾害防治，我国高度重视对城市地下空间开发利用的合理规划，并最大限度地降低对城市地面稳定性的破坏程度。2014 年 6 月，国务院办公厅印发了《关于加强城市地下管线建设管理的指导意见》，明确提出要全面完成城市地下老旧管网改造，建设完善的城市地下管线体系；2016 年 5 月，住房和城乡建设部发布《城市地下空间开发利用“十三五”规划》，明确力争到 2020 年，我国至少一半城市要完成地下空间开发利用规划的编制和审批，全国将初步建立较为完善的城市地下空间规划建设管理体系；2019 年 4 月，自然资源部办公厅发布了《关于做好 2019 年地质灾害防治工作的通知》，明确要求各级城市自然资源主管部门“把地质灾害防治工作积极融入有关重大计划、重大工程和重大战略，将地质灾害高易发区作为国土空间规划和用途管制的特殊地区，新建工程要尽量避开”。城市地面坍塌灾害和洪涝灾害很大程度上取决于城市地下空间的规划、开发、管理，合理规划城市地下空间不仅能够促进现代城市社会经济进一步发展，还能有效防范城市灾害风险，有利于城市可持续发展。

（二）加快推进海绵城市建设

海绵城市即指城市能够像海绵一样，在适应环境变化和应对自然灾害等方面具有良好的“弹性”，下雨时吸水、蓄水、渗水、净水，需要时将蓄存的水“释放”并加以利用，从而防范暴雨内涝灾害，并最大限度地实现对洪水的利用。2014 年 10 月，住房和城乡建设部发布《海绵城市建设技术指南》以指导海绵城市建设和规划；2015 年 10 月，国务院办公厅印发《关于推进海绵城市建设的指导意见》，部署推进全国海绵城市建设工作。海绵城市建设改变了传统的快排模式，秉持“渗、滞、蓄、净、用、排”六字方针，提高对径流雨水的渗透、调蓄、净化、利用和排放能力，通过采取透水路面改造、更新绿化种类结构、设置雨洪调蓄池等措施，优先利用植草沟、渗水砖、雨水花园、下沉式绿地等组织排水，从而增强土地的入渗能力，减少地表产流，削减洪涝水的总量，实现城市良性水文循环，达到治理内涝的目的。当前我国海绵城市试点城市包括迁安、武汉、北京、深圳等共计 30 个城市。同时，建设海绵城市所采用的材料具有优良的渗水、抗压、耐磨、防滑以及环保美观多彩、舒适易维护和吸音减噪等特点，也能很大程度减少城市地面热量的集聚，有效缓解热岛效应，改善局部地区小气候。

（三）加大城市绿化储备

城市拥有大量的人工构筑物，其道路及建筑物的成分多为水泥、沥青、钢筋混凝土、砖石和金属等，这些材料具有热容量大、导热率高的特点，能吸收大量的热辐射，从而产生城市“热岛效应”，引发高温热浪灾害。绿色植被可以改变高建筑密度城市下垫面的热属性，减少热量的集聚，缓解“热岛效应”。加大城市绿化储蓄主要有屋顶绿化、墙面绿化和道路绿化等方法，其中，屋顶绿化是最“经济实惠”的方式之一，据武汉市园林局统计，屋顶绿化与传统绿化方式相比每平方米可节约绿化成本 9 500～9 800 元。2004 年 10 月 22 日，瑞典召开主题为国际绿色屋顶研究的学术研讨会向全世界人民宣传了“屋顶绿化”这一有效方式（张逢生等，2011）。增大城市树木、花草、水面等公共面积，在城市周边加大林草植被建设，建立完善的防风固沙护林体系，提升城市地表植被覆盖度，还有利于减缓台风（飓风）、暴风等风力强度，为抵御风灾侵袭提供助力。

五、加强城市灾害风险防范保障体系建设

（一）提供防灾减灾专项资金保障

防灾减灾资金投入是进行防灾减灾工作的基本前提。不论是灾前的物资储备能力建设和基础设施建设、灾中应急能力建设，还是灾后恢复重建工作都必须要有资金保障。各级政府部门应该建立有效的财政减灾基金运行机制，保证城市灾害风险防控工作的顺利进行。首先，将减灾费用纳入公共财政预算优先安排领域，包括灾害风险监测、风险评估、风险预警、风险预控以及应急物资储备等所需要的财政资金。如广东省级地质灾害防治专项资金自 2016 年起就从每年 5 000 万元增加到每年 2 亿元（方朝丰，2018）。其次，资源管理工作要落实到人，明确责任，强化管理，严格问责，防止灾害发生时因缺少相关物资、延误救援而引发损失扩大和社会动乱。救援设备和器材、应急饮用水、粮食、交通工具要备足，信息采集设备、通信设备要定期试用，加强日常检修和更新补充。据初步测算，仅灾害救助资金投入占国家财政支出的比例就应达到 0.8%。就自然灾害救助承担比例而言，救灾工作必须坚持分级管理体制，即明确各级政府的责任，以及应承担的救

灾资金数量。科学技术部重大专项办公室自 2008 年实施“国家科技重大专项”以来，在突发急性传染病防控方面重点部署，投入 28 亿元支持 170 项科研项目，大大提升了我国应对季节性流感及其他突发疫情防控中的监测预警、诊断和治疗的科技创新能力。

（二）搭建减灾科技支撑能力基础平台

城市综合减灾科技支撑能力基础平台的建设是开展综合减灾工作的科技基础。因此，为做好防灾减灾工作，首先需加强城市科技支撑体系建设。建立综合防灾减灾科技平台，重视跨行业、跨部门、跨学科的合作与交流，制订措施促进各部门之间的合作，并进行交叉学科研究和多学科人员之间的合作，为综合防灾减灾提供科技平台。其次要加强城市安全科学技术研究，大力开展城市综合防灾体系的理论研究，开展各类灾害防治措施研究，并积极借鉴国外城市防灾减灾的先进技术。要特别注意发挥信息和媒体技术在防灾减灾中的作用，发展数字城市、灾害情报网络等高新技术，构建城市数字减灾系统，力争在安全减灾科学技术及工程技术等领域的研究上达到国际先进水平，充分发挥技术与信息化手段在城市灾害风险防控中的作用。

（三）鼓励非政府防灾组织的建设

城市灾害风险的防范与应急管理不仅要依靠国家政府的管理，更需要基层群众的参与和积极配合。发达国家通过政策倾斜、经费投入等方式积极推动“防灾型社区”建设，鼓励非政府防灾组织的建设和发展。“防灾型社区”的建设强调提升社区成员的防灾意识，增强社区防灾救灾能力，加强社区成员的灾害信息交流，主要防灾措施包括灾前减灾准备、灾时应急和灾后复原改进等。美国社区应急反应小组（CERT）是美国重要的市民组织队伍，其日常培训内容涉及灾前准备、灭火、急救医疗基础知识、轻型搜索救援行动等。灾害发生时，CERT 成员能给予灾害现场的第一反应者大力支持，向处于危急状态的社区市民提供即时援助，并且在灾害现场组织起志愿者队伍。日本《灾害对策基本法》明确规定：“地方公共团体的居民，在自己采取防备灾害手段的同时，必须努力自发参加防灾活动。”英国非政府组织和团体众多，一部分机构还承担公共服务职能，英国政府把这些民间力量纳入应急管理体系，支持建立各类专业性、技能性的应急志愿者队伍，在很大程度上弥补了政府应急资源的不足，同时增强了民间组织的社会责任感。

（四）加强城市防灾减灾宣传教育

随着社会经济的发展，城市灾害，尤其是各类突发公共卫生事件高发，缺乏危机教育和培训会导致个人在面对危机时慌乱无章，从而演变成群体性恐慌态势，开展面向广大人民群众的城市防灾减灾宣传教育可以强化公众城市灾害风险防范与应急意识，以及自我防护能力，降低城市灾害风险带来的损失。及时掌握灾害风险防范知识，才能在灾害发生时沉着应对。因此，需要大力加强防灾减灾宣传教育，通过媒体宣传、学校教育、技术培训、模范社区建设等途径，增强公众的防灾减灾意识、主动意识、责任意识以及防灾救灾的能力。

加强媒体宣传，充分利用网络、电视、报刊等传播媒体的宣传优势，有计划、有步骤地向公众普及应急常识，推进应急工作进企业、进社区、进农村、进学校、进家庭，不断增加公众的应急知识和自救、互救知识。例如，相关部门制作发放通俗易懂的有针对性的宣传资料，在广场、公园等公共场所开展防灾减灾等的宣传教育活动；在每年的 5 月 12 日“全国防灾减灾日”和 10 月 13 日“国际减轻自然灾害日”，开展有效的科普宣传活动，宣传活动要重视对载体的不断更新，还要加强与媒体的合作，以提高宣传的效果。加强学校教育，在高等教育中，注重灾害研究和教育的专业人才培养和综合灾害风险管理的学科体系建设，将相关教育的内容安排进日常课程，学习国外的成功经验，以增强全民的防灾减灾意识，营造和谐的社会氛围。加强技术培训，有计划地开展应急管理队伍培训，定期安排一定的防灾教育与演练，加强对民众自救互救能力的培养，为防灾减灾做好充足的准备工作。推进模范社区建设，发展与推广“安全社区”范式，塑造社区安全文化，建立减灾社团，推进安全社区建设，提高社区居民风险防范意识。

第二节　典型案例分析与经验借鉴

根据城市灾害分类，分别对应列举城市气象灾害、城市地质灾害、城市事故灾害、公共卫生灾害这四大类城市灾害风险防范与应急管理的几个典型案例，总结归纳相关城市在应对城市灾害风险方面的宝贵经验，以期能够为其他城市开展城市灾害风险防范与应急管理工作提供一定的借鉴价值。

一、美国纽约市飓风“桑迪”——城市气象灾害案例分析

纽约市位于纽约州东南部哈得孙河口东岸，面积 780 km^2，是美国的金融经济中心、最大的城市和港口，同时也是世界最大城市，对全球政治、经济和文化生活具有重要的影响力、控制力和辐射力。2012 年 10 月，飓风“桑迪”袭击美国东海岸地区，与来自北部地区的极地冷空气结合，最终演变成超级风暴，直径接近千米，是历史上规模最大的大西洋风暴，同时，飓风“桑迪”引发一系列次生灾害，包括暴雨、风暴潮和强降雪等。飓风“桑迪”席卷美国多座城市，造成重大经济损失和人员伤亡，其中纽约市受灾影响最为严重，飓风引发的海浪冲击纽约市，导致纽约东河河水漫堤，曼哈顿大片地区以及 7 条铁路线涵洞被淹没，纽约市的机场、公交车、地铁和铁路等公共交通系统也遭到严重破坏，全市 37.5 万人强制疏散（王虹，2012）。飓风“桑迪”是自 20 世纪以来袭击美国的第二大的飓风，仅次于 2005 年爆发的飓风“卡特里娜”。

（一）密切监控，提前进行灾害预警

飓风“桑迪”发生前，美国国家气象局提前监测到此次飓风的来临。2012 年 10 月 22 日起，美国国家气象局严密监测“桑迪”的发展和路径；10 月 25 日早上，准确预报出飓风“桑迪”的强度和登陆点，最大中心风速每小时 105 mi①，随后初步确定纽约州和新泽西州为重大灾区。美国国家气象局、美国国家应急管理署、国家安全局和美国红十字会紧密配合，密切关注飓风“桑迪”的动向，10 月 26 日，时任美国总统奥巴马第一次召开电话会议，与美国国家应急管理署、国家安全局等部门领导商讨部署防灾减灾方案，会后正式向公众公布飓风“桑迪”的路径及可能造成的影响。因此，美国各级政府在飓风到来之前有充分的时间采取一系列紧急防控措施，最终成功减少了灾害带来的损失。

---

① 1 mi（英里）=1.609 344 km。

（二）政府重视，避险措施及时有效

2012年10月28日，纽约政府高效启动紧急预案，按紧急程度划分三个区域进行居民疏散，并开放了76个避难场所，提供免费的水和食物。全市公交、地铁和地区铁路系统全部关闭，肯尼迪国际机场和拉瓜迪亚机场进出港航班大规模取消，中小学全部停课，政府的非应急部门放假一天，纽约证券交易所、纳斯达克等市场全面休市，上千名国民警卫队驻扎到多个地点。纽约专门开设了飓风“桑迪”求助热线，帮助民众及时解决此次风暴带来的困难；政府官网开设“飓风疏散区域查找助手”的栏目，市民可以准确查询自己是否在疏散区范围内；各大电视台全天不间断地报道飓风的移动情况，及时传递最新信息。由于灾害应对措施准备充分，当飓风“桑迪”到来时，重灾区居民已经全部撤离，与2005年的飓风“拉特里娜”相比，飓风“桑迪”带来的影响和损失小之甚小。

（三）特事特办，社会资源高度整合

飓风“桑迪”过后，美国政府和民间各界组织纷纷向灾区提供资助。联邦政府宣布纽约州、新泽西州为重灾区，受飓风影响的个人和企业可以获得联邦资金的援助；奥巴马指示军用运输机和舰只帮助灾区运送物资，动用战略石油储备应急以减少“油荒”的扩散。为缓解灾后人们出行难题，纽约政府提出加油配给制，车辆牌照按照尾号单双号划分并限行，出租车、应急车辆不受限。美国非常重要的设施、交通类机构85%在私有企业手中，飓风灾害后奥巴马亲自出面与各企业协调，使其恢复各地电力、交通的供应，各企业全力配合（高祥荣，2013）。《纽约时报》等多家媒体免费开放网站上的新闻内容，谷歌专门制作了“风暴危机地图”，让人们直观地在地图上查阅相关信息。

二、中国贵州省黔西南山体滑坡——城市地质灾害案例分析

2019年2月17日，贵州省黔西南州兴义市发生山体滑坡，为溶蚀中山地貌区，相对高差251.18 m，最高点位于滑坡西侧山顶，最低点位于兴马大道；滑坡平面形态呈“舌”形，上陡下缓，坡度15°～35°，主滑方向北偏东59°，平均宽度约80 m、厚度约30 m、体积约100万m^3。滑坡险情威胁兴义市平寨加油站、

兴北管网所、马岭镇计生站、马岭供电所4家单位和1家超市、1个农贸市场等重要场地及设施，受威胁人员达400余人。由于事前采取了有效的监测预警与防范应对措施，没有导致任何人员伤亡和财产损失，是一起典型的成功避险案例。

（一）早期识别，强化灾害隐患排查

自2000年以来，贵州省先后实施了以县市为单元的1∶20万、1∶5万地质灾害调查评价工作，查明了山体崩塌、滑坡和泥石流的易发性分区特征，基本摸清了房前屋后的隐患情况。针对近年来高位远程地质灾害时有发生，汲取2017年贵州省纳雍县“8·28”特大崩塌灾害和四川省茂县“6·24”特大滑坡灾害教训，贵州省启动了高位隐蔽性隐患专业排查，引入合成孔径雷达、激光雷达等现代遥感技术，构建空天地一体化的地质灾害隐患早期识别体系，提高调查与隐患排查精度，并于排查过程中，根据岩体开裂现象，发现了该滑坡隐患。

（二）科学预警，完备监测预警体系

贵州省建立了相对完备的群测群防网络，制定了汛前排查、汛中巡查和汛后核查的“三查”工作制度，结合地质灾害气象风险预警，形成了人防为主的监测预警体系。2018年，贵州省加强了重要隐患点的专业化监测，建设了地质灾害大数据中心，强化人技结合。在该隐患发现之初，落实了群测群防员，布设了简易的裂缝位移计；随着变形累计速率增高，先后布设了9套智能化变频滑坡裂缝监测仪、1套智能雨量监测站、3套智能高精度无线倾角仪、4台位移监测设备和1台边坡雷达监测仪，实时回传监测数据至贵州省地质灾害监测预警系统，实现全天候、全方位的动态化、数字化、自动化监测预警，为决策处置提供精准有力的数据支撑，为成功避险争取宝贵时间。

（三）防治结合，强化滑坡应急处置

贵州省建立了省、州、市“三位一体”的联合预防制度，以兴义市为主体，贵州省、黔西南州进行指导，科学合理地提出处置方案，不折不扣、及时果断、层层压实责任抓好落实。滑坡体发生明显变化后，贵州省自然资源厅和黔西南州委、州政府高度重视，立即指导兴义市成立了以市委、市政府主要领导为指挥长，

分管领导为现场指挥长的应急处置指挥部，并建立了以市政府、专家团队、施工单位为成员的应急处置监测微信群，保证信息畅通，确保第一时间研判、第一时间决策、第一时间处置。根据专家意见，采取了封闭受威胁区域、迁改电力输水管道、宣传教育、紧急撤离群众、24 h 值班值守、巡视巡查、应急演练等相关措施，并通过应急抢险完成滑坡体前缘抗滑桩和沙袋反压工程，完成临空面和前缘沙堆堆放约 30 000 m^3、排水沟 350 m、裂缝封闭 300 m，通过人防和技防等措施，减缓了滑坡体下滑速度（李向然，2019）。

三、日本川崎市大气污染——城市事故灾害案例分析

川崎市是日本三大都市圈之一东京都市圈的重要城市，作为日本京滨工业地区的核心城市，早期产业主要以石油、化工、钢铁为主，曾引领日本经济的高速增长，然而由于其经济发展模式以牺牲环境为代价，20 世纪 60—70 年代，川崎市的环境开始急剧恶化，污染在超过环境承载力后发生了一系列的环境问题，一度被列为日本四大污染城市之一。1966 年，川崎市遭受严重的大气环境污染，整个城市被临海地区工厂排放的二氧化硫等有害气体笼罩，当地的多摩川河也遭受了严重的水体污染，造成大量水生生物死亡，同时还暴发了各类环境公害病，患病人数高达上千人，川崎市成为日本环境污染最严重的城市之一。面对严峻的环境污染形势，川崎市政府采取了一系列防治措施，经过几十年的努力，川崎市已彻底解决了大气污染问题，重新使蓝天常驻，其综合防治经验至今仍受到我国各级政府和部门的广泛借鉴。

（一）加强政府引导，健全应急体制

1966 年发生严重环境污染后，川崎市政府围绕此问题开展了一系列工作。一是完善了环境受害者的救济制度，以安抚民众的情绪并减少舆论压力；二是于 1970 年与 37 家大型公司（39 家工厂）签订了防治大气污染的协定，1972 年又与 8 家公司（8 家工厂）签订协议，从政府层面给企业传导压力，“倒逼”企业进行环境污染防治，以其中 42 家工厂为对象设置发生源遥测仪，强化对硫氧化物的监测，同时利用遥测仪对 23 家工厂进行氮氧化物监测；三是建立了健全的环境监督监测体制，政府出资加装大气、水环境监测装置，实现 24 h 运行监测，市内设置

18 家监测局（包括 9 家一般环境监测局、9 家汽车尾气监测局），所有监测数据统一传输到环境综合研究所及市政府机关集中监视，数据经处理后政府通过电视、网络、市政府企业网等方式向市民实时公布大气环境数据；四是辅助以突击检查等工作，切实推进环境监测监管制度，杜绝了数据造假现象。同时加强了对污染企业“点对点”的监管和指导，切实帮助并监督企业提升工艺水平，减少污染物排放，最终实现大气环境的改善。

（二）健全法制体系，引进总量管制

当时日本全国范围内尚没有相关法律出台，1960 年，川崎市被赋予地方立法权，在全市范围内先行先试。川崎市出台了《川崎市公害防治条例》，开全国之先河；1972 年，重新公布实施了比国家相关法律规定更加严格的新《川崎市公害防治条例》，在全日本率先引进总量管制方式，以抑制工厂排放的硫氧化物总量。川崎市单独设定保护市民健康和保障生活环境所需的环境目标值，并且为维持目标充分考虑市域污染负荷的基础上设定地区允许排放总量，进一步制定工厂排放大气污染物质的排放标准，这被称为“川崎方式”，在全国起到先驱引领作用。此后，川崎市还制定了一系列制度以防治环境污染，如 1976 年发布的《关于川崎市环境影响评估条例》，1999 年发布的《关于川崎市公害防治等生活环境保护条例》等，川崎市政府通过逐步推进各类防治环境污染事件灾害法律的制定，从法律层面加强了对环境污染的防治力度。

（三）落实企业责任，提升科技水平

川崎市企业积极投资以实现技术升级改造。一是加大末端环保设备投资，采用“除尘+脱硫+脱硝”等末端治理技术，去除废气中的各种污染物；二是加强过程清洁生产技术研发，加强企业自身预防环境污染的技术研发，以符合严格排放的标准，利用重油的低硫化技术和液化天然气替代技术，同时改造研发经济和环保兼顾的清洁生产工艺，充分应用节能技术提升燃烧效率；三是注重环保技术人才培养，加强企业内部环保技术人员人才队伍的建设，为环境污染的治理奠定人才和技术基础；四是注重产业转型升级，由传统的较为低端的产业向技术创新型产业提升。位于川崎市临海地区在特种合成橡胶行业拥有世界最大市场占有率的

日本瑞翁集团、东京电力川崎火电站、川崎化成工业公司等存在大气环境问题的企业，在原有技术基础上，通过不断创新，均实现了大气污染物的减排和资源的循环利用，如今川崎市临海地区也因此被称作高新技术企业的领先集聚地（刘铮等，2019）。此外，日本政府也颁布了一系列优惠的金融政策和税收政策，有效地促进了企业对高额设备和技术研发的投资。

四、甲型 H1N1 流感疫情——公共卫生灾害案例分析

甲型 H1N1 流感病毒是 A 型流感病毒，携带有 H1N1 亚型猪流感病毒毒株，包含有禽流感、猪流感和人流感 3 种流感病毒的核糖核酸基因片段，同时拥有亚洲猪流感和非洲猪流感病毒特征，2009 年之前被称为“猪流感”。人感染甲型 H1N1 流感病毒后的早期症状与普通流感相似，包括发热、咳嗽、喉痛、身体疼痛、头痛、腹泻呕吐等，部分患者病情来势凶猛，会突发高热，继发严重肺炎、肾功能衰竭、呼吸衰竭及多器官损伤，最终导致死亡。世界卫生组织声称：“甲型 H1N1 流感疫情是历来蔓延速度最快的大流行病”。2009 年 4 月初墨西哥报告发现甲型 H1N1 流感病毒，其后迅速扩散、传播到全球 191 个国家或地区。香港首例甲型 H1N1 输入性病例发病时间为 2009 年 4 月 28 日，首例本地感染病例发病时间为 2009 年 6 月 4 日，首例聚集性病例发病时间开始于 2009 年 6 月 10 日。

（一）加强监测，掌握疫病传播情况

香港甲型 H1N1 流感的流行主要经历了两个阶段：第一阶段是输入期，以输入性病例为主，本时期的疫病防控以阻延传入为主，通过采取口岸检疫、病例隔离治疗等方式；第二阶段是本地传播期，本地病例陆续出现并开始传播，本时期的疫病防控以加强监测、控制暴发为主，主要采取扩大监测范围等方式，重点扩大流感哨点的监测范围，新增流感诊所进行流感病人分流治疗及化验检测，同时加强社区监控，根据实时监测掌握的疾病特点进行防控策略微调。本地传播期间，所有怀疑自己患甲型 H1N1 流感的市民都可以到指定的流感诊所进行采样检测，这一政策促使香港的确诊病例数大幅上升（杨芬等，2010）。香港特区政府 2004 年 6 月在卫生署内成立卫生防护中心，以“与本港及国际的卫生机构合作，务求在香港有效地预防和控制疾病”为使命，提出实时监测（Real-time surveillance）、

迅速反应（Rapid intervention）和通报风险（Re-sponsive risk communication）的“3R”承诺，为香港传染疫病的及时防治提供了基础保障。

（二）广泛宣传，社会各界共同参与

香港特区政府充分意识到社会各界共同参与是成功对抗重大疫病疫情的关键，认为在疫病暴发时不应该将疫病的防控仅看作是卫生部门的工作，必须寻求社会各界的支持，动员全社会的力量对抗疫情。因此，香港卫生部门采取印制小册子、设立信息网页、举办健康教育讲座和展览、播放电台宣传节目或电视宣传短片、举办地区推广活动等各种宣传措施，向不同阶层的市民传达预防和控制疫病的信息，提醒市民注意个人卫生，避免接触流感症状病人或前往人群拥挤场所。香港媒体对疫病传染等问题高度关注，实时发布流感确诊及疑似案例的相关报道，不仅在一定程度上形成了媒体和公众对政府疫病防治工作的监督，促进疫病防治工作能够有效落实，同时也为政府及时发现病例并进行医疗救治提供了信息来源。

（三）政府主导，合理制定防控策略

香港甲型 H1N1 流感预防和控制策略根据疫情发展情况进行，香港特区政府初期采用“控疫策略”，对可能存在的疫情及早诊断及治疗，隔离被感染患者并尽早追踪亲密接触者，将社区散播的可能性和速度降至最低。自 2009 年 6 月 18 日后，预防和控制策略由“控疫策略”调整为“缓疫措施”，取消隔离和追踪密切接触者，医院只治疗严重和确诊患者，其他非严重患者被安排到指定的门诊诊所接受特敏福（达菲）治疗或在家中隔离，从而减缓疫情的扩散速度，减轻香港社会蒙受的损失。为预防甲型 H1N1 流感第二高峰疫情，香港卫生署购置了 300 万剂甲型 H1N1 流感疫苗，为有关人群接种。首批 50 万剂疫苗首先为 5 类高危人群免费优先接种，包括医护人员、慢性病患者、孕妇、6 个月龄至未满 6 岁的儿童和 65 岁以上老人，以及从事养猪或屠宰猪行业人群（李绍鸿，2010）。通过对高危人群的疫苗接种，全面控制可能发生的疫情感染，为减缓疫情传播态势提供了政策和医疗基础。

实证分析篇

第五章

深圳市基本概况

第一节　地理位置

深圳市地处广东省南部沿海，珠江口东岸，位于北回归线以南，陆域位置为东经 113°45′44″—114°37′21″、北纬 22°26′59″—22°51′49″，海域位置为东经 113°39′36″—114°38′43″、北纬 22°09′00″—22°51′49″。全市陆地总面积 1 991.64 km^2，东西长 81.4 km、南北宽（最短处）10.8 km，呈东西长、南北窄的狭长带状，海岸线长 230 km。深圳市东临大亚湾和大鹏湾，西濒珠江口和伶仃洋，南边深圳河与香港相连，北部与东莞、惠州两城市接壤，是我国高新技术产业基地以及区域性金融中心、信息中心、商贸中心和运输中心。作为粤港澳大湾区四大中心城市之一，深圳市在粤港澳大湾区建设中处于不可替代的地位，具有制度变迁的“示范效应”、集聚优质要素的“虹吸效应”和周边区域的“扩散效应”，发挥着区域经济的“引擎作用”以及创新驱动的“引领作用”。

第二节　自然地理

一、地势地貌

深圳市属低山丘陵滨海区，背山面海，岗峦起伏。地势东南高、西北低，依照基本特征大体可归纳为 3 个地貌带，即山地地貌带、台地地貌带和海岸地貌带。山地地貌带包括低山、高丘陵、低丘陵 3 种类型；台地地貌带包括高台地、中台地、低台地 3 种类型；海岸地貌带包括河岸堆积阶地平原、海成堆积、阶地滩地、海河混合堆积平原、生物成堆积滩地 5 种类型。西部地区山地地貌带基本以羊台山为中心，南至塘朗山、西至凤凰岩、北至吊神山、东到打石坑顶和鸡公头。东部地区大致以葵涌盆地东北方向为界划分为东西两区，以梧桐山、梅沙尖、马峦山、田心山为代表的西区山地地貌带，主要由低山、高丘陵组成，呈北东方向展布，延续至北部依次为高丘陵或低丘陵，中间沿各河流两侧有台地地貌带，兼有少量隐伏的岩溶地貌；东区的大鹏半岛位于大亚湾与大鹏湾之间，是从南面的七娘山、排牙山到笔架山等由低山、高丘陵、低丘陵组成的山地地貌带，呈北西走向。

深圳市沙砾海岸带主要分布在东部，西部则主要是几条较大河流如茅洲河、大沙河等河流入海口，这些地段部分表层有厚度不大的淤泥质土。深圳市海岸带地形地貌上多属冲洪积和海积平原，地势低平，地面高程一般为 1.0～3.0 m。

二、气候特征

深圳市地处北回归线以南，濒临南海，具有亚热带海洋性季风气候特征。夏长冬短，气候温和，日照充足。年平均气温 22.4℃，最高气温 38.7℃（1980 年 7 月 10 日）、最低气温 0.2℃（1957 年 2 月 11 日）。日照时间长，平均年日照时数 2 120.5 h。受季风影响，深圳市旱涝季节明显，4—9 月为雨季，主要受锋面低槽、热带气旋和季风低压影响，盛行偏东南风，高温多雨；其他时间为旱季，主要受中高纬度西风带天气系统影响，盛行偏东北风，干燥少雨。每年会不同程度受到暴雨、热带气旋等灾害性天气的影响。深圳市年均降水量 1 913.5 mm，降雨量时空分配极不平衡；时间分布特点表现为汛期（4—9 月）降雨量大而集中，占全年降水量的 85%；空间分布特征是东南多、西北少，多年平均降雨量低值区主要分布在西部，高值区主要分布在东南部，高值中心主要位于盐田区和大鹏半岛南端。

三、河流水系

深圳市水系属于全国一级水资源区的珠江区下游范围，分属 3 个二级区和 3 个三级区的河口海岸带边缘地区。以海岸山脉、梧桐山和羊台山为主要分水岭，深圳市辖区内北部和东北部的河流汇入北面的东江一级、二级支流；西北部和东南部河流注入珠江口、深圳湾，西南部的流入大鹏湾、大亚湾。根据国家水资源三级区和最终流向，深圳市地表水分为 3 个水系，即东江水系、珠江口水系以及东部海湾水系。水域包含 9 个流域、310 多条河流、242 座水库以及珠江口海域和 3 个海湾。境内河流大都比较短小，属于雨源型河流，流量枯、丰悬殊，洪峰暴涨暴落。其中，辖区内集雨面积大于 10 km^2 的河流有 13 条，大于 100 km^2 的只有 5 条，分别为深圳河、茅洲河、观澜河、龙岗河和坪山河。按河流跨界类型划分，包括跨市河流 21 条、跨区河流 31 条、区界内河流 278 条。

第三节　社会发展

一、行政区划

深圳市是广东省下辖的副省级市，是国务院批复的中国经济特区，为全国性的经济中心城市和国际化城市。深圳下辖 9 个行政区和 1 个新区，即福田区、罗湖区、盐田区、南山区、宝安区、龙岗区、龙华区、坪山区、光明区、大鹏新区。2018 年 12 月 16 日，全国首个特别合作区——深汕特别合作区正式揭牌，是深圳市和汕尾市共同合作管理的地级市。作为一座移民城市，深圳市汇聚了来自全国各地的创业者，辖区内人口呈现出高度密集和暂住人口多、流动性大等显著特点。截至 2019 年年末，常住人口 1 343.88 万人，其中常住户籍人口 494.78 万人，占常住人口的 36.8%；常住非户籍人口 849.10 万人，占常住人口的 63.2%，平均人口密度为 6 747 人/km^2，远高于全国和广东省城市平均人口密度，约为广东省平均人口密度的 10 倍。

二、经济发展

作为中国第一个经济特区，深圳市历经40年改革开放的栉风沐雨，由一个边陲小镇发展成为一座风景秀丽、经济发达的国际化海滨城市，创造了世界城市化发展的奇迹。近5年来，深圳市GDP以年均8%～15%的速度快速增长，成为世界上发展最快、我国经济最发达的城市之一，是我国南方重要的高新技术研发和制造基地、世界第四大集装箱港口、我国大陆第四大航空港、我国优秀旅游城市、我国重要的国际门户。2019年深圳市GDP达26 927.09亿元，同比增长6.7%，其中出口额达16 708.95亿元，连续27年居国内城市首位。同时，2018年中国社会科学院发布的《城市竞争力蓝皮书：中国城市竞争力报告 No.13》中公布了我国城市综合竞争力前13名的城市，数据显示深圳的地均GDP全国最高、万元GDP综合能耗全国最低，超过香港、上海、台北，位居第一。目前，深圳市产业配套体系趋于完善，高新技术产业、金融服务业、现代物流业以及文化产业四大支柱产业“齐头并进”，战略性新兴产业和现代服务业正在迅速崛起，成为深圳经济发展的新引擎。

三、城市道路

深圳市通过多年的城市交通建设，已形成密集发达的海陆空立体交通运输网络，水、陆、空、铁口岸俱全。辖区设有深圳站、深圳北站、深圳东站等8个火车站，广深港高铁穿境而过，是全国重要的铁路枢纽。深圳宝安国际机场是国际枢纽机场，开通运营国际航线60条、港澳台航线4条，为我国十大机场之一、世界百强机场之一。此外，深圳市是我国拥有口岸数量最多、出入境人员最多、车流量最大的口岸城市，拥有经国务院批准对外开放的一类口岸15个，其中包括我国客流量最大的旅客出入境陆路口岸——罗湖口岸、24 h通关的皇岗口岸、我国首个内地与香港无缝接驳的地铁口岸——福田口岸、唯一“一地两检”的陆路口岸——深圳湾口岸等。截至2019年年底，深圳港拥有15个20万t级靠泊能力的集装箱泊位，成为华南地区超大型集装箱船舶首选港。截至2020年8月，深圳地铁已开通运营线路10条，全市地铁运营线路总长382 km，构成覆盖深圳市罗湖区、福田区、南山区、宝安区、龙华区、龙岗区、光明区7个市辖行政区的城市轨道网络，地铁线路全年日均客流强度达 1.92 万人次/km，有轨电车日均客流达 3 万人次，全国排名第一。

四、综合管网

自 2005 年建成第一条综合管廊——大梅沙-盐田坳综合管廊起，近年来，深圳市综合管廊从无到有，经历了“谨慎布局”到“积极推广”的历程。截至 2018 年，深圳市累计建成综合管廊共 14.6 km、投入运营 12.5 km，推进了管道天然气入户百万工程，地下燃气管网总长度 6 220 km，管道天然气居民用户数达 204.4 万户。深圳电网共有 110 kV 及以上变电站 253 座，变电总容量 7 730 万 kVA，110 kV 及以上输电线路总长度 4 856 km。市政排水管网建设不断增速，全市投入使用的市政排水管渠共计 1.59 万 km。

五、高层建筑

雄厚的经济实力，紧张的建设用地，让深圳的摩天大楼如雨后春笋一般快速成长。世界高层建筑与都市人居学会（CTBUH）2018 年报告显示，我国的 88 座超高层建筑中，有 14 座在深圳，约占全球总数的 10%。截至 2019 年 12 月 11 日，深圳超高层建筑已竣工达 18 座，在建中有 18 座，另有 2 座已开展相关规划，全市 300 m 以上的高楼数量已超过我国的经济中心——上海市，为全国超高层建筑最多的城市。目前，深圳市建好的 18 座超高层建筑聚集在福田区、罗湖区、南山区等中心区域，而供地来源主要是城市更新。

第四节　资源环境

一、土地资源

深圳市近 40 年来扩张迅速，建设用地规模已接近市域陆地面积的一半。截至 2018 年年底，深圳市各类建设用地面积已达 1 005.9 km^2，占全市国土总面积的 50.3%。同时期国内外其他大型城市中，北京只有 21.3%、新加坡为 35%、东京为

29%，毗邻深圳的香港也只有 19%。深圳市建设用地比例在全国乃至全世界均处于较高水平，城市土地利用粗放型发展较为明显。根据《深圳市城市总体规划（2010—2020）》，到 2020 年深圳市建设用地控制在 890 km^2 以内，土地资源可承载的人口、经济规模分别为 1 100 万人、0.9 万亿元。按照现行的经济发展和资源利用模式，土地资源承载力已经遭遇“瓶颈”。因此，在控制人口规模不超出土地承载阈值、提升土地经济产出、加强土地经济承载功能之余，合理引导人口流动，改变当前粗放的土地利用模式、优化产业结构，以实现土地资源的空间优化，是非常必要且艰巨的任务。

二、森林资源

深圳市森林覆盖率为 39.76%（2018 年），森林植被种类多样且富有热带性，主要由樟科、大戟科、桃金娘科等种类组成，植被群落包括低山山顶中草群落、低山丘陵松树—灌丛—芒萁群落、荒丘台地希马尾松—稀灌丛—矮草群落、稀灌丛杂草群落、红树林群落、湿生草本群落、果树经济林群落等，各植被群落的主要分布特点见表 5.1。

表 5.1 深圳市植被主要群落分布

群落类型	主要分布特点
低山山顶中草群落	分布在海拔 550～600 m 的山顶上，以茅草、鹧鸪草为主，覆盖度在 80%左右
低山丘陵松树—灌丛—芒萁群落	分布在低山 600 m 以下的山坡和高丘陵区，以马尾松、桃金娘、鸭脚木、芒萁为主，多种灌丛生长较好，覆盖度一般为 80%～100%
荒丘台地希马尾松—稀灌丛—矮草群落	分布在村落附近的丘陵台地，生长着稀疏的马尾松针叶林，在灌丛间混杂着茅草、芒草等矮草以及芒萁，植被覆盖度低
稀灌丛杂草群落	分布在海堤的滨海砂土上，灌丛有厚藤、假菠萝、仙人掌等，草本以匍匐在地表的过路黄、假花生等为多，覆盖度低
红树林群落	分布在福田、坝光沿海处，以桐花树、老鼠簕、秋茄为主
湿生草本群落	分布在滨海草滩和沼泽地以及弃耕的山坑水稻田处
果树经济林群落	主要有荔枝、龙眼、橄榄、黄皮、芒果、阳桃、甘蔗、香蕉、菠萝、梅等

深圳市现有森林类型可分为常绿针叶人工林、常绿阔叶人工林、季风常绿阔叶次生林、红树林、山顶矮林、灌丛和经济林。常绿针叶人工林的针叶树主要由马尾松、杉木组成，是深圳市城市森林较为常见的一种植被类型。常绿阔叶人工林主要有相思类、桉树类和生态风景林三大类，多为 20 世纪 80 年代后期种植的人工林。季风常绿阔叶次生林目前残存面积较小，仅在海拔较高的梧桐山、梅沙尖、七娘山、排牙山、羊台山等局部地区少量分布。山顶矮林主要分布在海拔 800 m 以上的区域。灌丛多是由森林遭受反复砍伐后形成的次生植被或是植被演替过程中的一个阶段类型，是深圳市现状植被的主要类型之一，分布面积较广。经济林主要分布在低山、公路和水库周围，主要果树有荔枝、龙眼、柑橘等，主要群落类型是荔枝群落和龙眼群落。深圳原生性森林长期受人为干扰破坏已不复存在，代以人工林、次生林为主，保存较好的森林主要分布在东部半岛地区。由于全市近年来大力开展围海造陆，大量红树林遭破坏，现只在局部海湾有小块状或零星状红树林分布。

三、绿地资源

近年来，深圳市在努力推进经济社会快速发展的同时，始终把生态建设作为经济社会发展的一个重要方面，大力开展森林公园、自然保护区及市政公园建设（表 5.2）。截至 2019 年年底，全市绿化覆盖面积 10.18 万 hm^2，建成区绿化覆盖率 43.00%，建成区绿地率 37.40%，共有公园 1 090 个，公园面积 3.11 万 hm^2，人均公园绿地面积达 14.90 m^2。深圳市建成区绿化覆盖率、建成区绿地率和人均公园绿地面积 3 项指标均达到国家“生态园林城市”验收标准，城市绿地虽总量充足，但仍存在区域分布不均的现象；大鹏新区、龙岗区、宝安区等城区公园绿地服务半径覆盖度偏低。

表 5.2　国内部分大中城市 2019 年绿化指标对比

城市	建成区绿化覆盖率/%	建成区绿地率/%	人均公园绿地面积/m^2
北京	48.50	—	16.40
上海	39.70	—	8.50
广州	45.50	39.91	17.96

城市	建成区绿化覆盖率/%	建成区绿地率/%	人均公园绿地面积/m^2
深圳	43.00	37.40	14.90
天津	37.50	34.30	9.20
杭州	40.58	36.99	10.63
青岛	40.22	—	16.90
南京	45.16	—	14.85
厦门	45.10	40.90	15.60
武汉	40.02	39.55	10.19
大连	44.00	43.00	11.30

注：该数据来源于各市统计年鉴。

四、水资源

深圳市多年平均水资源总量为 20.51 亿 m^3，是全国七大严重缺水城市之一。2018 年，深圳市水资源总量为 29.11 亿 m^3，较常年增加 7.89%。其中，地表水资源量为 29.08 亿 m^3，同比增加 3.47 亿 m^3；地下水资源量为 6.38 亿 m^3，同比增加 0.76 亿 m^3。全市人均水资源占有量（223.45 m^3）仅为广东省人均水资源占有量的 1/6、全国人均水资源占有量的 1/5，面临着资源型缺水和水质型缺水的双重压力。

目前辖区内饮用水水源达标率稳定保持在 100%，但河流污染依然严重，部分河流水质仍未达到《地表水环境质量标准》（GB 3838—2002）V 类标准。东部海域水质虽达到《海水水质标准》（GB 3097—1997）一类标准，但西部海域受到生活污水中的无机氮和活性磷酸盐等污染物影响，其水质劣于 GB 3097—1997 四类标准。水资源短缺和水环境污染已成为严重制约深圳市经济社会发展的主要因素之一。

五、大气环境

深圳市自 2005 年以来，以治污保洁工程为抓手，通过全面推进能源结构优化，采取加强工业点源污染控制、机动车排气污染控制、重点行业 VOCs 排放控制等措施，辖区内空气质量得到有效改善。全市空气优良天数维持在 300 d 以上［于 2016 年实施《环境空气质量标准》（GB 3095—2012）］，灰霾天数持续降低。2019 年，深圳市空气质量指数（AQI）优良率达 91%，灰霾天数由 2005 年的 161 d

下降至 9 d（图 5.1），$PM_{2.5}$ 年均浓度下降至 24 μg/m^3，提前 3 年达到国家治理要求，在全国 168 个重点城市中排名第 3，自 2006 年有监测数据以来首次达到世界卫生组织第二阶段标准，创历史最好水平，“深圳蓝”成为城市亮丽的名片。

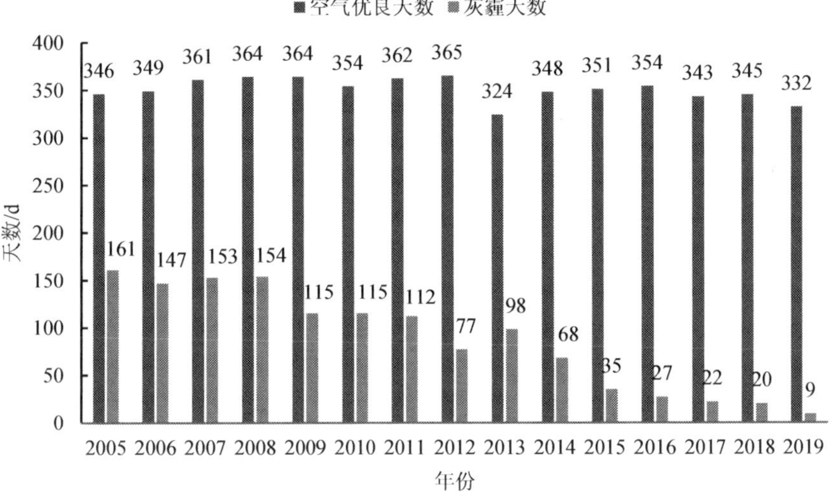

图 5.1　2005—2019 年深圳市大气环境质量变化

第六章
深圳市城市灾害风险识别

城市灾害风险识别是灾前预警的关键环节，识别灾害风险的来源、范围、特征及其行为或现象相关的不确定性，在很大程度上界定了城市灾害风险的本质特征。本书以系统的资料收集为基础，对深圳城市灾害风险历史和现状进行了详细的调查，包括城市自然环境、经济社会现状、城市危险源以及其他因素等。其中，自然环境调查涵盖城市地质、气候、地形地貌、特殊价值地区及环境敏感区等；经济社会现状调查主要包括城市生产布局现状分析、人口现状分析、城市文化风俗等；城市危险源调查主要在城市事故及灾害分类的基础上进行；其他风险因素调查包括地面沉降、房屋倒塌、市政管网泄漏、工伤事故以及突发公共卫生事件等。结合城市灾害风险调查的实际情况，深圳市城市灾害包括四大类常见城市灾害类型，其中，城市气象灾害主要包括城市风灾和城市内涝灾害，城市地质灾害主要包括城市地面坍塌灾害和城市斜坡类地质灾害，城市事故灾害主要指城市环境污染事件灾害，其他城市灾害主要指生物入侵灾害。

第一节　城市气象灾害

深圳市作为我国特大沿海城市，城市气象灾害发生频率高、影响面广、危害性大。受不同季节天气系统影响，深圳市每个季节的多发灾害并不相同。春季常有低温阴雨、强对流、春旱、大雾等，少数年份还出现寒潮天气；夏季受锋面低槽、热带气旋、季风云团等天气系统的影响，高温酷热、暴雨、雷暴、台风等灾害性天气常有发生；秋季由于雨水少，蒸发大，常有秋旱发生，一些年份可能出现台风天气；冬季雨水稀少，大多数年份都会出现秋冬连旱，同时冷空气也常带来大风、寒潮等灾害。深圳市1—12月的气候灾害类型见表6.1。

表6.1 深圳市1—12月气象灾害类型

月份	发生的主要气象灾害
1	寒冷、灰霾、大雾、干旱、森林火灾
2	寒冷、灰霾、大雾、干旱、森林火灾、低温阴雨
3	寒冷、大雾、森林火灾、雷电、低温阴雨
4	暴雨、雷电、雷雨大风、冰雹
5	暴雨、雷电、雷雨大风、龙卷风、台风、大雾
6	暴雨、雷电、高温、台风
7	暴雨、雷电、台风、高温、雷雨大风、冰雹
8	暴雨、台风、雷电、雷雨大风、灰霾、高温、冰雹
9	台风、暴雨、雷电
10	雷电、干旱
11	灰霾、干旱、森林火灾
12	寒冷、干旱、森林火灾

在梳理前人相关研究的基础上，结合深圳市2010—2018年气候公报等相关资料统计，按照不同气候类型和带来的损害程度，可将深圳市主要气象灾害划分为台风、暴雨、雷暴3类（钟小芹等，2002；焦圆圆等，2014）。在《深圳市公共安全白皮书》列出的四大类城市公共安全风险中，台风灾害风险被列为5项极高等级风险之一，暴雨和雷电致灾列为高等级风险。此外，深圳人口高度密集，经济高度发达，台风、暴雨、雷电等灾害相互交替，每年都给人民生命财产带来巨大损失。据统计，近10年来深圳市受台风、暴雨和雷暴天气影响的次数达349次，影响人口至少达121万人，直接经济损失达16.77亿元。

一、城市风灾

城市风灾是我国沿海及部分内陆地区经常发生的一种气象灾害，是世界上最严重的自然灾害之一，台风灾害是其中的典型代表。深圳市每年均会受到不同程度的台风影响，根据深圳市社会发展和现代化统计监测年报及相关研究资料，1952—2018 年，共有 286 个台风影响深圳市，其中造成严重影响的有 91 个，包括 1983 年的 8309 号台风、1993 年的 9318 号台风、1999 年的 9908 号台风、2003 年的 0313 号台风“杜鹃”、2008 年的 0806 号台风“风神”、2009 年的 1514 号台风“莫拉菲”、2016 年的 1604 号台风“妮妲”等。2018 年的 1822 号台风“山竹”（超强台风级）成为 1983 年之后影响深圳市最严重的台风（仅次于 1983 年的“ELLEN”台风），大风影响累计时间突破历史记录。台风已成为影响深圳市最大的灾害性天气之一。

根据资料统计，每年在深圳市登陆的台风平均为 0.2～0.3 次，其中 1964 年和 1979 年分别有 2 次登陆。台风出现次数最多的年份为 1964 年，达 9 次；出现次数最少的年份为 1968 年，仅 1 次。一年中影响深圳市最早的台风出现在 4 月 19 日（2008 年），最迟出现在 12 月 2 日（1974 年）（表 6.2）。对深圳市有影响的台风均出现在 4—12 月，其中 7—9 月为集中期，有“台风季节”之称。据 1952—2018 年资料统计，7—9 月影响深圳市的台风共 221 次，占全年的 77.3%；其中 7 月有 77 次，占全年的 26.9%；8 月有 78 次，占全年的 27.3%；9 月有 66 次，占全年的 23.1%。登陆深圳市的台风与影响深圳市的台风走势基本一致，都是呈倒“V”形变化。7—9 月是台风登陆的高峰期，共有 12 次登陆，占全年登陆深圳台风的 84.6%。其中，8 月登陆 5 次，9 月登陆 4 次，7 月登陆 3 次，6 月和 10 月各登陆 1 次。一年中最早登陆深圳的台风为 6 月 25 日（2008 年），最迟为 10 月 13 日（1964 年、1993 年）。近 10 年登陆深圳的台风呈现时间偏早、影响增强的趋势，6 月份影响深圳市的台风增多。

表 6.2　1952—2018 年影响深圳市的台风分布统计

统计项目	统计数据	极值出现年份
每年平均影响次数	4.3 次	—
最多年份	9 次	1964 年
最少年份	1 次	1968 年
每年平均登陆次数	0.2～0.3 次	—
最早影响日期	4 月 19 日	2008 年
最迟影响日期	12 月 2 日	1974 年

台风的影响因登陆地点和台风强度的不同而不同，受大风影响最大的地区是东西部沿海一带。台风带来的强风、暴雨和风暴潮，影响海陆空交通、港口码头和建筑工地安全，造成树木倒伏和广告牌倒塌伤人及城市内涝等灾害，通常会给人民的生命财产带来严重损失。2018 年受台风“山竹”影响，深圳市树木倒伏 1.7 万多棵，供电线路中断 493 条次，15 万多户居民停电、84 个小区停水、4 个片区供气中断，公共场馆受损 104 个，交通设施受损 97 处、户外广告牌受损 122 个、路灯损毁 68 个，山体滑坡、路面塌陷、围墙倒塌等较大次生灾害 13 起。

二、城市内涝灾害

城市内涝灾害多为暴雨所引发。据 1952—2018 年数据统计，深圳市累计出现暴雨日 606 天，年平均暴雨日 9 天，其中以 2001 年暴雨日最多，高达 18 天，以 1963 年最少，仅有 1 天（表 6.3）。2018 年 8 月 29—31 日出现了历史罕见的连续 3 天局地特大暴雨，为 1952 年有气象历史记录以来首次。每年平均暴雨降水量占全年平均雨量的 40%～50%，最多的年份为 1 751.9 mm（2008 年），最少的年份为 66.8 mm（1963 年）。深圳的汛期分为两个阶段，4—6 月称为前汛期，暴雨量占年平均雨量的 16%，主要是由于西风带系统锋面活动或低空急流影响而造成的暴雨；7—9 月称为后汛期，暴雨量占年平均雨量的 23%，主要是由于受到热带天气系统影响，后汛期热带天气系统所造成的暴雨具体表现为：8 月出现暴雨天数最多，平均暴雨日约为 1.9 天，其次为 7 月，平均暴雨日约 1.7 天。特大暴雨共出现 9 次，其中 8 月出现 3 次，5 月出现 2 次，4 月、6 月、7 月、10 月各出现 1 次。其中 2018 年局地特大暴雨 5 天，超过 2008 年成为近 10 年来最多的一年。

表 6.3　1952—2018 年深圳市暴雨日统计

统计项目	统计数据	极值出现年份
年平均暴雨日	9 d	—
年最多暴雨日	18 d	2001 年
年最少暴雨日	1 d	1963 年
暴雨出现最多的月份	8 月	—
一年中暴雨最早出现日期	1 月 24 日	2000 年
一年中暴雨最晚结束日期	12 月 30 日	1988 年

深圳市东南部为暴雨多发区，降雨量由东南向西北大致呈递减趋势，东部大鹏半岛一带以及盐田区的年降雨量普遍在 2 100 mm 以上，西部和北部的年降雨量普遍在 1 900 mm 以下。一方面，由于深圳市东南部有 7 座 600～900 m 的山峰，环绕于大鹏湾的四周，呈南开的喇叭口地形；夏季盛行偏南气流，这种地形能迫使暖湿的偏南气流抬升，使降水加强；另一方面，夏季主要降水系统［如热带气旋（包括台风）、东风波等］大多数自东向西移动，在东南部山体迎风面通过气流的相互作用造成较大降水。

研究表明，深圳市连续 24 h 降雨量大于 200 mm 会出现不同程度的洪涝灾害（钟小芹等，2002），3 h 出现 100 mm 以上的降水则将出现大范围内涝。受地形的影响，深圳市暴雨空间分布极不均匀，如梧桐山迎风坡南澳圩雨量站周边大暴雨和特大暴雨次数为全市最多，年平均 2.04 次。罗湖区等部分老城区基础设施（如管网、道路等）老化明显，一经暴雨冲刷，容易造成严重的洪涝灾害。据不完全统计，2000—2018 年，深圳市暴雨灾害造成的直接经济损失占气象灾害造成的总经济损失的 63.2%。2018 年受连续强降水过程影响，全市 260 多处发生内涝。

第二节　城市地质灾害

深圳市地处东南沿海低山丘陵地区，地形起伏较大，地质构造复杂，东部的龙岗区、坪山区和大鹏新区分布有可溶岩，西部的宝安区、南山区局部有软土分布，全市每年雨季长达 6 个月，台风、暴雨等灾害性天气频发，强降雨易引发地质灾害。根据《深圳市 2019 年地质灾害防治方案》，2019 年深圳市主要防治的地质灾害隐患点共 102 处，其中重点地质灾害隐患点 14 处、一般地质灾害隐患点 88 处，海水入侵范围 138.9 km^2。据统计，深圳市主要地质灾害类型为城市地面坍塌灾害和城市斜坡类地质灾害。

一、城市地面坍塌灾害

地面坍塌是指地表岩、土体受自然因素作用或人类工程活动影响向下塌落，并在地面形成坍塌坑（洞）而造成灾害的一种现象或过程，通常有采空塌陷、黄土湿陷、工程塌陷等类型。地面坍塌主要呈现 4 个特征：①隐蔽性，其发育发展情况、规模大小、可能造成地表坍塌的时间及地点具有极大的隐蔽性，发生之前很难预料；②突发性，地面坍塌几乎是在瞬间发生，在短时间内造成财产损失和人员伤亡，使人们措手不及；③群发性，地面坍塌灾害往往不是孤立存在的，常在同一地区或某一时段集中形成灾害群；④损害比较严重。

地面坍塌灾害是深圳市最为主要的地质灾害类型。近年来，随着深圳市城市建设快速发展，城市聚集人口越来越多，城市建设所需资源急剧增加，地下水超采、地下轨道交通密集建设、地下管网反复铺设、填挖道路、管线老化渗漏等现象频发，使得地面塌陷进入爆发期。深圳市地面坍塌的具体原因包括地下管线老化破损、施工不当、暗渠化河道垮塌、道路荷载过大及暴雨冲刷等方面。深圳市地面坍塌防治工作领导小组办公室官方收集统计数据显示，2013 年 8 月 1 日—2015 年 12 月 31 日，全市共发生了 461 起地面坍塌事故，潜在经济损失达 7 717.5 万元。其中，地下管线老化破损引发的地面坍塌有 291 例，占比 63.12%，工程施工（主要包括管线施工、深基坑施工和轨道施工 3 种形式）不当引起的地面坍塌有 117 例，占比 25.38%（图 6.1）。

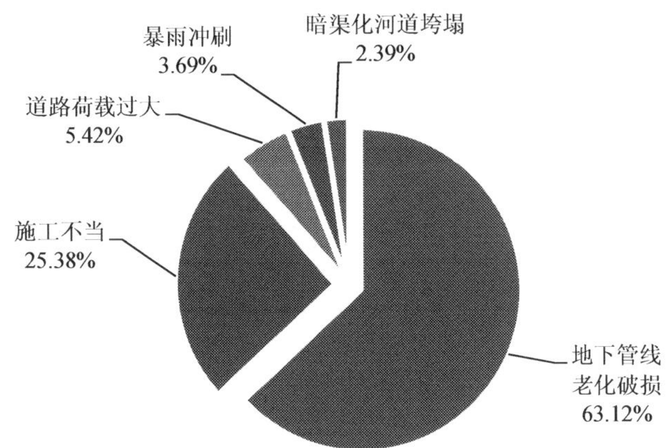

图 6.1 深圳市地面坍塌事故主要类型

（一）地下管线老化破损

深圳市地下管网众多，分布广泛，排水管线和污水管线破损是导致深圳市地面坍塌灾害的重要原因。深圳市初期建设的排水管道存在建设标准较低、结构强度不足、维护管理不到位等诸多问题，导致部分排水管道年久失修而老化、破裂，进而雨水冲刷掏空土层，引发地面坍塌。具体问题如下：

（1）早期建设标准偏低，质量难以保证。深圳市建立初期给排水管（渠）的建设标准偏低，如采用大量混凝土排水管，该管材结构强度偏小，容易破裂；部分排水管道由原镇、村或工业区等建设（在原特区外尤为普遍），存在缺乏报建归档资料、建设标准低、施工质量差等问题，导致管道老化破裂，引发地面坍塌。

（2）塑料管材事故多发，工业废水腐蚀管道。近年来推广的埋地塑料管（或复合管）由于管材市场混乱、施工不规范等问题，其事故频率远大于钢筋混凝土排水管；部分工业废水未达到国家相关规范要求排入排水管道，造成管道内部腐蚀严重，进而破裂、渗漏，引发地面坍塌。

（3）管道基础沉降，排水检查井坍塌。部分不良地质区域的管道基础建设质量不合格，导致管道因不均匀沉降（尤其在填海地区更为严重）而发生变形、拉裂，进而引发地面坍塌。另外，部分管道工程中跌水井、压力释放井等存在设计或施工缺陷，导致井壁破损，引发井筒与地面坍塌。

（4）施工监管力度不够，管道养护有待加强。部分给排水管（渠）施工中由于监管不到位，导致在管道基础、接口等方面存在施工质量问题；虽然自 2011 年以来原特区外逐步实行了排水管道市场化运营，但由于之前管道维护工作欠账较多，导致部分管道因缺乏管养维护而存在渗漏破裂现象。

（二）工程施工不当

深圳市地质条件复杂，土地资源紧缺，地下空间开发及地铁站点繁多，开发强度日益加大，并且轨道区间段施工以及截污干管等工程中大量采用暗挖隧道施工方式，从而导致深圳基坑（尤其是深基坑）开挖呈现距离建（构）筑物近、深度深、尺寸大、场地紧张等特点。工程施工不当引起的地面坍塌主要表现为以下几个方面：

（1）基坑周边沉降变形，导致管道破裂。由于绝大部分基坑均位于建成区，紧邻市政道路及管道，一旦基坑围护变形过大或地下水位降低较多，使得基坑周边区域产生不均匀沉降，进而使周边给排水管道发生断裂，水流冲刷泥土产生地下空洞，就会引发地面坍塌。

（2）基坑支护破坏，引发周边管道破裂。部分基坑由于支护方案存在缺陷、超量挖土、施工单位擅自减少支撑等，导致基坑支护发生墙体断裂、边坡垮塌等事故，进而引发周边管道破裂，雨水冲刷泥土加剧了边坡渗水变形，引发地面坍塌。

（3）渗流导致水土流失，造成地面坍塌。在饱和含水地层，由于围护墙的止水效果不好或止水结构失效，导致大量地下水夹带砂粒涌入基坑，严重的水土流失导致地面坍塌。

（4）暗挖隧道经过不良地质区域，引发土层沉降或坍塌。由于地质条件复杂，部分地区土质结构不稳定、土质松散、地下水位高，而地质勘察不详细、施工方案或施工工艺存在缺陷，导致暗挖隧道施工经过该地段时，引发土层沉降甚至坍塌。

（5）隧道施工与给排水管（渠）相互影响引发地面坍塌。一方面，由于隧道施工扰动土层，引发不均匀沉降，造成给排水管道破裂、渗漏，进而冲刷土壤，形成地下空洞，引发坍塌；另一方面，由于在隧道经过的线路上，部分给排水管道已经发生慢性渗漏引起土层软化，在隧道施工时，扰动土壤，从而加剧了管道的渗漏，导致形成更大的地下空洞，进而引发坍塌。

（三）暗渠化河道垮塌

深圳市水系发达，河网密布，这些河流作为城市排水的主要通道，对城市排水安全起着至关重要的作用。同时，由于深圳市土地资源紧缺，在城镇化过程中（20 世纪 80 年代和 90 年代），部分镇（村）、工业区过分追求发展速度，保护河道意识淡薄，为了最大限度地进行开发建设，将大量河道改建成暗渠，其上填土建设道路、厂房或住宅，由于其建设标准低，年久老化，一旦发生破裂，上部土层形成空洞，最终形成地面坍塌。导致暗渠化河道地面坍塌的主要原因如下：

（1）建设标准偏低，工程质量较差。在早期开发建设中采用了大量的浆砌石等结构形式，该部分箱涵质量较差，存在诸多渗漏隐患。另外，部分暗渠化河道虽然采取了混凝土箱涵的结构，但建设标准偏低，容易发生破裂，水流冲刷形成空洞，导致地面坍塌。

（2）维护保养缺乏，安全隐患众多。大量暗渠化河道由原镇、村或私人建设，建设资料未进行报建和归档，导致大量被暗渠化的河道资料严重缺失，难以维护保养；且部分深埋于旧工业区、旧村等地下，严重缺乏日常管理维护，导致破损渗漏现象严重，进而引发地面坍塌。

（四）道路荷载过大

随着我国城市化的推进，城市人口的迅速扩张带来了巨大的交通需求。截至2018年年末，深圳市民用汽车拥有量达336.66万辆，且呈逐年上涨趋势，小汽车的拥有量和使用量在全国均处于较高水平。深圳市东西狭长、南北短平的带状城市格局，使得居民出行和货物运输的时间和距离较长，从而导致交通堵塞概率增高，辖区道路荷载不断增大。此外，宝安、龙岗等城区长时间处于大开发建设时期，大量建筑施工车辆长期上路行驶，重型车辆碾压导致路面开裂和沉陷，进而发生地面坍塌事故。

（五）暴雨冲刷

深圳市处于亚热带地区，降水量非常高，尤其是东南部地区年平均降水量达2 200 mm以上，暴雨天气多且集中。每年的4—9月是深圳市全年暴雨比较集中的月份，暴雨日数可占年暴雨总日数的90%以上，降雨量也可占全年降雨量的40%以上。在强降雨天气的频繁影响下，局部地区地势低洼位置受雨水汇聚和长时间集中冲刷，从而引发地面坍塌。统计资料显示，深圳市暴雨直接冲刷引发的地面坍塌事故所占比例约为3.69%，而2018年的灾情数据则表明，深圳市地面坍塌数量和当月降雨量呈较为明显的正相关关系。

（六）岩溶塌陷

岩溶塌陷地质灾害按塌陷成因可分为自然因素引起的塌陷和人为因素引起的塌陷2类。根据《深圳市地质灾害防治规划（2016—2025年）》，全市岩溶塌陷地质灾害高易发区主要分布于荷坳至龙岗中心城区、坑梓、坪山碧岭、石井咸水湖、葵涌等区域。据已有的地质灾害调查数据，全市由气象及水文等自然因素导致的塌陷比例达 43%，而由抽排地下水、振动荷载、建筑物外加荷载、采矿冒顶等人为因素导致的塌陷比例为 57%。

因水对岩溶过程的强烈促进作用，大多岩溶坍塌灾害发生于 4—5 月旱季与雨季交替时节连续降雨之后的 3～5 天内。如 1991 年 4—5 月发生于原坑梓镇的 8 处塌陷事故，为连续一个多月的降雨所致，塌陷造成了房屋和桥梁开裂、倾斜或倒塌、道路凹凸不平或开裂、地下管道错裂失效、抽水井管上升等多种危害。

二、城市斜坡类地质灾害

斜坡类地质灾害多由降水诱发，主要发生于汛期，集中分布在深圳市的低山、丘陵周边地区，危害较大，主要表现为滑坡、不稳定斜坡、泥石流等地质灾害。其中，滑坡是深圳市最为常见的斜坡类地质灾害，泥石流灾害较为少见。据深圳市国土部门 2006—2015 年数据统计，全市累计发生有影响的斜坡类地质灾害 243 起。其中，滑坡类地质灾害 187 起，占 77.0%；不稳定斜坡（挡墙垮塌或边坡垮塌）46 起，占 18.9%；泥石流灾害 6 起，占 2.5%。

斜坡类地质灾害的时间分布规律与降雨周期紧密相关，且灾害活动时间多具滞后现象。深圳每年 4—9 月为雨季，降雨量占年降雨量的 84%。据统计，92.6% 的滑坡灾害发生于这一时段，受降雨周期及降雨量影响十分明显。斜坡类地质灾害主要分布在丘陵山区和高台地 100 m 相对高度范围内的人工开挖坡脚处。滑坡发生规模以微型和小型为主，主要分布在 40～80 m 的高程范围内，占总数的 69.4%。斜坡坡度对滑坡的发育也有直接影响，深圳滑坡多发生在 40°～70°的斜坡，占总数的 94.2%（赵亮等，2008；熊金安等，2013）。

深圳市斜坡类地质灾害的形成和发展主要受地形地貌、地层岩性、地质构造、降雨及人类活动等综合影响，其中以采矿挖掘、修建道路、开造水库、兴建住房等工程建设影响最为突出。全市的人工建设边坡已经达数万处之多，在形成的滑坡事故中有绝大部分是由人工边坡失稳造成。据不完全统计，2006—2018 年，深圳市斜坡类地质灾害共造成 14 人死亡，直接经济损失达 2.59 亿元。2008 年 6 月 29 日，受局部特大暴雨影响，龙岗布吉木棉湾发生严重的滑坡地质灾害，滑坡体体积约 4 000 m^3，导致 5 人死亡，多人受伤。

第三节　城市环境污染灾害

人类生产、生活过程中长期向自然环境排放废弃物造成的大面积和跨地区的灾害，被称为环境污染灾害，其具体表现形式为环境污染事件。环境污染事件是指瞬间或短时间内排放的大量污染物对城市环境、人民生命与财产安全构成巨大威胁并造成重大损失的灾难性事故，是城市事故灾害的主要类型。工业发达的大城市地区较容易发生环境污染事件，如 1986 年苏联切尔诺贝利核电站爆炸事故、2010 年大连新港原油泄漏事故等。环境污染风险源是环境污染事件发生的先决条件，也是环境污染灾害划分的主要依据，其内涵不仅包括污染事件对周边敏感受体所产生的危害影响，还包括环境风险释放的不确定性。区域范围内的环境风险源主要是使用危险物质的企业、集中仓储仓库、贮罐，危险物质的运输，有毒有害污染物的泄漏，废水废气事故性排放等。同时，根据环境受体的不同，环境风险源又可划分为气态环境风险源、液态环境风险源、固态环境风险源。环境污染灾害的分类需综合考虑环境管理需求、环境受体情况、主要危险物质类别等。因此，结合深圳市实际情况，本书将全市环境污染灾害划分为四大类，分别是工业废水污染灾害、固体废物污染灾害、危险化学品污染灾害、其他环境污染类灾害。

一、工业废水

改革开放以来，深圳市工业经历了从无到有、从小到大、从低端到高端、从粗放经营走向集约优化的发展历程。在空间扩张上呈现出由点到线、到面的发展过程。1996 年以来，深圳市产业结构不断优化、升级，产业定位不断明确，高新技术产业开始崭露头角，城市工业向原特区外迁移增加，城市中心开始西移，福田区开始成为城市的中心。2005 年至今，以深圳、东莞为代表的珠三角城市着手建立环保淘汰机制，关闭污染严重的企业。深圳市在 2010 年完成了重污染行业产业升级优化，逐步实现经济增长方式由高消耗、高污染、低产出向低消耗、低污染、高产出转变，城市企业尤其是污染企业的分布随着产业结构的调整呈现较明显的空间分布特征。

根据深圳市第一次污染源普查数据，全市工业废水年产生量 2.07 亿 t，排放量 1.64 亿 t，废水年处理量 1.01 亿 t，处理空缺 0.63 亿 t；工业废水中以化学需氧量排放量最多，达 1.45 万 t（以厂区排放口排放量计）。利用等标污染负荷法分析发现，深圳市 54.90%的工业废水污染源分布在 5 个行业，分别为金属制品业＞通信设备、计算机及其他电子设备制造业＞电气机械及器材制造业＞塑料制品业＞仪器仪表及文化、办公用机械制造业。5 个行业的等标污染负荷累计占比为 97.20%，其中金属制品业及通信设备、计算机及其他电子设备制造业的等标污染负荷累计占比为 89.45%。污染严重的污染物有 5 种，分别为氰化物＞六价铬＞总铬＞汞＞铅，这 5 种污染物的等标污染负荷的累计占比为 98.28%，其中氰化物及六价铬的等标污染负荷的累计占比为 84.57%。因此，金属制品业及氰化物是深圳市工业废水的首要控制行业及首要控制污染物。

工业污染源主要分布在宝安区和龙岗区，分别占工业源总数的 50.8%和 26.7%，少部分分布在南山区和福田区，罗湖区和盐田区也有少量分布。同时，废水污染企业具有明显的靠近城市外流河分布的特点。未处理或处理不完全的工业废水大部分直接进入河流，导致河流污染严重。目前，深圳市境内坪山河、龙岗河、茅洲河、观澜河等流域水质整体处于劣Ⅴ类，四大河流流经的区域正是深圳市重点污染企业集中分布区域。其中，宝安区茅洲河流域重污染企业最为密集，也是河流水质污染最为严重的区域之一。

二、固体废物

固体废物在一定的条件下会发生物理、化学或生物的转化，对周围环境造成一定的影响。如果采取的处理方法不当，有害固体废物就会通过土壤、水、空气以及食物链途径危害环境与人体健康，造成各类环境污染灾害。人畜粪便和有机垃圾是各种病原微生物的滋生地和繁殖场，会形成各类病原体型污染。根据深圳市历年固体废物污染防治信息公告，全市固体废物主要分为生活垃圾、一般工业固体废物、危险废物、建筑废弃物（包括工程弃土）和市政污泥 5 类。据统计，2018 年深圳市共收集处理生活垃圾 671.7 万 t、一般工业固体废物 116.49 万 t、危险废物 55.96 t，建筑废弃物产生量约为 10 157 万 m^3（含工程渣土、拆除废弃物），市政污泥产生量为 106.68 万 t。各类固体废物中，建筑废弃物产生量最大，其次是生活垃圾和一般工业固体废物，三者产生量约占总量的 99%（图 6.2）。

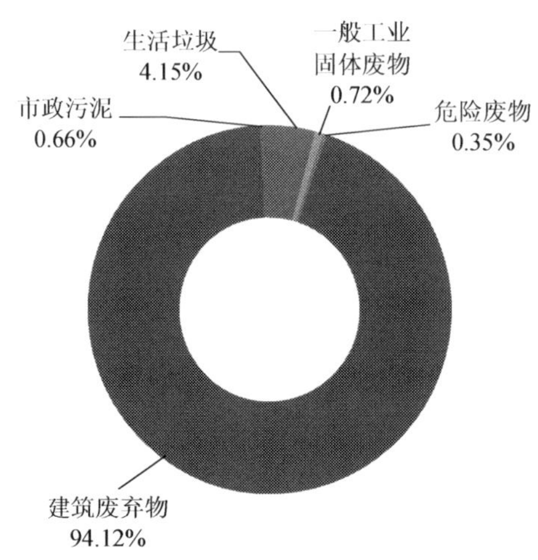

图 6.2　2018 年深圳市固体废物种类组成及占比

固体废物造成的环境污染灾害程度，取决于区域内固体废物产生量、无害化处理能力及水平。深圳市各类固体废物产生及处理情况如下：

1. 生活垃圾

近年来，深圳市生活垃圾产生量总体呈增长趋势，平均增长率约为 6.1%（图 6.3）。根据上述增长率进行预测，2020 年全市生活垃圾的产生量为 766.5 万 t。目前，全市已建成并投入运营的生活垃圾无害化处理设施共有 8 座，生活垃圾焚烧处理量约占 49%，卫生填埋处理量约占 51%。全市现有垃圾焚烧比例较低，导致全市垃圾填埋场超负荷运行，库容快速消耗。同时，生活垃圾处理过程中产生的垃圾渗滤液和飞灰的处理能力缺口较大，缺口比例（处理能力缺口与设计处理规模的百分比）分别为 56%和 55%。

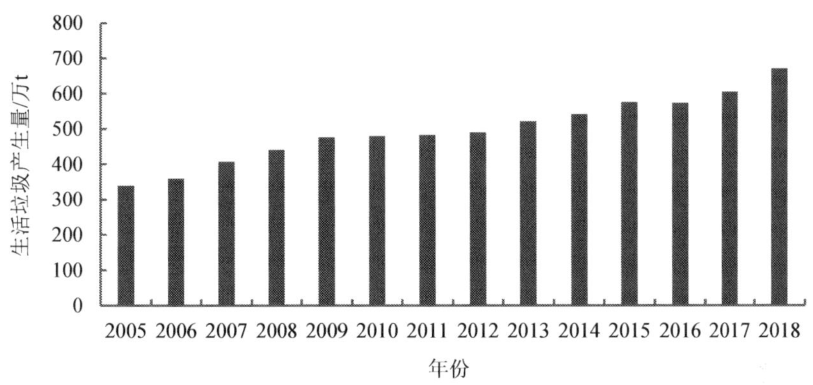

图 6.3 2005—2018 年深圳市生活垃圾产生量

2．一般工业固体废物

一般工业固体废物主要包括电厂粉煤灰、煤矸石和服装加工厂的边角料、废包装材料以及未列入危险废物的其他工业固体废物。根据统计资料（图 6.4），深圳市自 2008 年以来一般工业固体废物的产生量变化幅度较小，总体基本保持在每年 100 万 t 左右，一般工业固体废物产生单位主要分布于宝安区、南山区、龙岗区等区域。综合考虑城市规划、工业结构调整以及节能减排等政策方面的影响因素，可推测未来 5 年全市一般工业固体废物的产生量不会出现大幅度变化，基本与现状持平。目前，深圳市的一般工业固体废物以综合利用为主，其余全部进入城市垃圾收运系统，由环卫部门进行无害化处置。

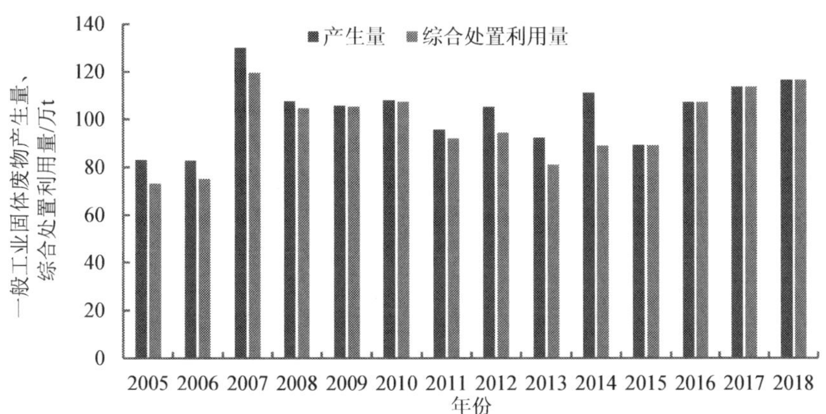

图 6.4 2005—2018 年深圳市一般工业固体废物产生量及综合处置利用量

3．危险废物

深圳市危险废物主要包括表面处理废物、焚烧处置残渣、含铜废物等工业危险废物，以及医院卫生机构在医疗、预防、保健以及其他相关活动中产生的具有直接或间接感染性、毒性的废物。近年来，深圳市危险废物产生量总体呈增长的趋势（图 6.5）。根据历史产生量的变化趋势，预测 2020 年全市工业危险废物的产生量为 63 万 t/a。目前，全市共有 10 家危险废物处理设施，总处理能力约 60.84 万 t/a，有机溶剂、废矿物油等 4 个类别的处理能力仍存在近 8.05 万 t 的缺口，现有的几个主要危险废物处理基地亟须扩容和外迁，暂存的危险废物导致安全隐患突出。同时，随着高新技术产业以及生物制药等新兴产业的快速发展，全市将新增多种危险废物。危险废物处理需求与处理能力不匹配，可能带来土壤污染、水体污染、大气污染以及疾病传播等多类环境污染灾害风险。

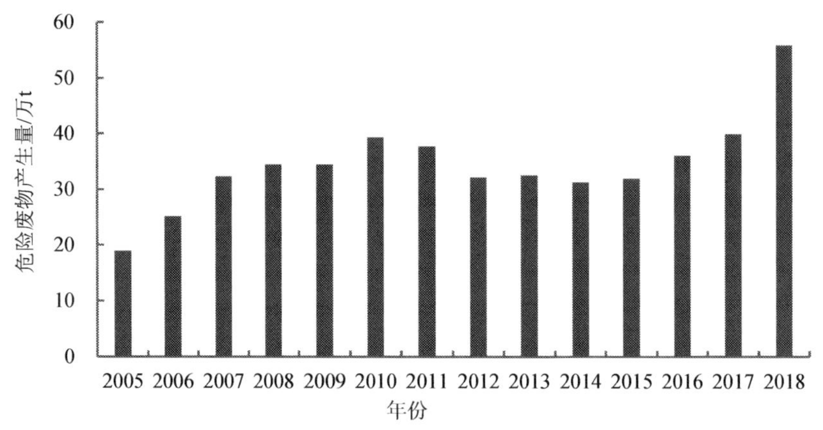

图 6.5 2005—2018 年深圳市危险废物产生量

4．建筑废弃物

建筑废弃物主要包括城市建设过程中产生的工程弃土，以及砖渣、沙石、混凝土碎块等建筑垃圾。2009—2018 年，深圳市建筑废弃物产生量总体呈上升趋势（图 6.6）。目前，深圳市建筑废弃物的处理方式主要为填埋和综合利用，可使用的余泥渣土处理设施主要有部九窝二期、新屋围建筑垃圾利用场、龙岗新坑受纳场等 6 座，总库容约 8 370 万 m^3，剩余库容约 2 180 万 m^3，预计将于 2 年内填满。根据《深圳市余泥渣土受纳场专项规划（2011—2020 年）》，2020 年全市建筑废弃物产生量为 2 000 万 t，而未来 3 年全市还将陆续建成 27 座建筑废弃物受纳场，新增总库容约 9 300 万 m^3。规划的受纳场如若能顺利落地，则可满足未来 3 年的处置需求。

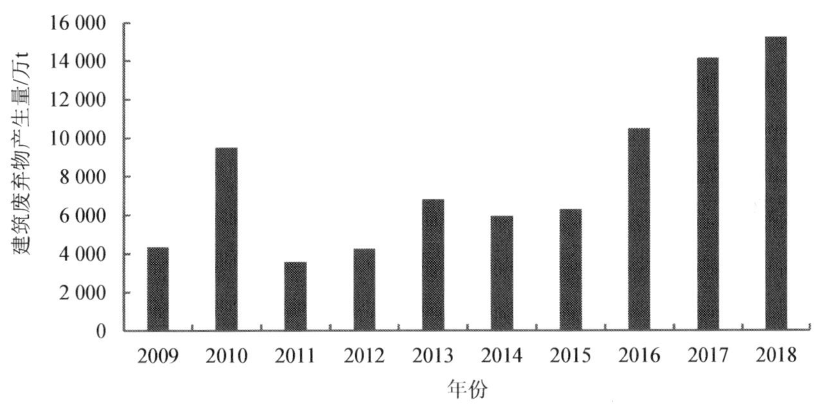

图 6.6　2009—2018 年深圳市建筑废弃物（含工程弃土）产生量

5．市政污泥

深圳市市政污泥来自城市污水处理厂运行过程产生的含水率在 70%～80%的污泥。自 2010 年以来，深圳市污泥产生量整体呈逐年增加趋势（图 6.7）。目前全市有 6 家污泥处理企业，实际处理能力为 1 090 t/d，污泥处理缺口达 1 774 t/d，多余污泥只能通过付费方式运至市外处置，具有一定的运输风险。根据《深圳市

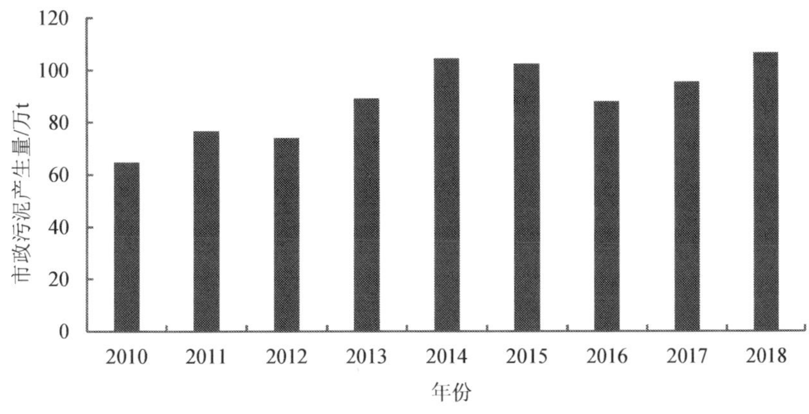

图 6.7　2010—2018 年深圳市市政污泥产生量

污泥处置布局规划（2006—2020）》，2020 年全市污水处理厂污泥的产生量为 62.87 万 t，日均产生量约 1 722 t（污泥含水率以 40%计）。按照规划，未来 5 年全市将改造 1 座污泥填埋场，新增1 座污泥焚烧厂、4 座污水处理厂污泥深度脱水设施，共计新增处理能力 2 225 t/d，可基本解决全市现有存量污泥处置需求。

三、危险化学品

危险化学品是指具有爆炸性、易燃性、毒害性、腐蚀性、放射性等危险性的物质，其主要危害包括燃爆危害、健康危害和环境危害。燃爆危害是指化学品能引起燃烧、爆炸等危害，如石油化工行业的生产原料、中间产品及成品等。例如，1993 年深圳市清水河化学危险品仓库发生特大爆炸事故，直接经济损失超过 2.5 亿元。健康危害是指危险化学品通过呼吸道、暴露在外的皮肤、消化道进入体内从而导致人体中毒，如苯可致白血病、氯乙烯可致肝血管肉瘤等。环境危害主要是指化学工业行业产生的大量化学废物由于毫无控制地随意排放及其他途径的泄放，对大气、水体、土壤造成的严重污染与破坏。

深圳市危险化学品主要来自成品油仓储经营企业、危险化学品生产企业、加油站等。其中，绝大多数危险化学品生产企业以生产油漆、油墨等易燃液体为主；少数企业生产压缩气体和液化气体如氢气、氧气、氮气、乙炔等；生产剧毒化学品氰化金钾的企业 1 家，生产腐蚀品硫酸的企业 1 家；加油站 273 家，全市各区均有分布。深圳市危险化学品经营企业贮存的危险化学品主要包括压缩气体和液化气体、易燃液体、易燃固体、氧化剂、毒害品和腐蚀品。深圳市现有危险化学品使用企业达数万家，其中剧毒化学品使用企业上千家，以电镀、珠宝、供水企业为主，电镀、珠宝企业使用氰化物，水厂使用液氯。危险化学品生产企业全市除盐田区外，其他区均有分布，其中龙岗区和宝安区分布最多。根据《危险化学品重大危险源辨识》（GB 18218—2018）中规定的临界量及危险化学品经营或生产单位规模性质划分，全市危险化学品重大危险源共 55 家 58 处，危险源类别较多的为氯库、液氨储罐、燃气库（罐）、汽油库、危货堆场等。

四、其他污染物

大气环境中主要污染物种类较多、形成机制复杂，难以全面地一一识别。相比全国其他城市或区域，深圳市空气中细颗粒物（$PM_{2.5}$）、可吸入颗粒物（PM_{10}）等主要污染物浓度相对较低、风险较小；目前深圳市正在开展土壤环境监测，部分工作尚未完成，全面的土壤环境监测数据难以获取。因此，根据深圳市实际情况，本书选取大气中具有致癌、致突变性，并能通过化学反应、降尘、降雨、降雪等过程进入土壤及水体中，直接影响居民身体健康的一类物质——多环芳烃（PAHs），开展其环境风险识别。

多环芳烃（PAHs）广泛存在于人类生活的自然环境如大气、水体、土壤、作物中，具有致癌、致突变等毒性，极大地威胁着人类的健康。相关土壤采样研究表明，深圳市表层土壤中 16 种美国国家环境保护局优先控制的 PAHs 含量在 2～6 745 ng/g，平均值为 290 ng/g，约占全部 28 种 PAHs 总量的 70%（章迪，2014）。目前已知的 500 种致癌化合物中，有 200 多种为 PAHs 及其衍生物，强致癌性的 PAHs 有苯并[*a*]芘（B*a*P）、7,12-二甲基苯并蒽等。有调查表明，B*a*P 质量浓度每增加 1 ng/m^3 时，肺癌死亡率上升 5%（王连生，1995）。

按照不同季节的社会经济活动特点分析，深圳市冬季大气中 PAHs 主要来源于石油源、燃煤及机动车尾气排放，PAHs 质量浓度为 17.9～92.3 ng/m^3，平均值为 45.3 ng/m^3；夏季大气中 PAHs 主要来源于机动车尾气排放，PAHs 质量浓度为 8.64～96.3 ng/m^3，平均值为 32.2 ng/m^3。按照深圳市不同土地利用类型的社会经济活动特点分析，交通和商业用地表层土壤 PAHs 质量浓度最高，其次是工业用地和农业用地，其他用地类型的浓度均较低，且差异不大。交通用地的 PAHs 主要来源于汽车尾气排放；商业用地的 PAHs 受交通污染和高密度餐饮、小型供热锅炉燃烧等综合过程的影响明显；工业用地的 PAHs 来源除少量交通污染外，还包括各种有机原材料在运输和使用过程中的废液、废气排放等；农业用地中 PAHs 主要来源于施肥、污水灌溉等。

第四节 生物入侵灾害

生物入侵已成为一个全球性的问题，我国各地普遍存在外来动植物的入侵现象，而且在个别地方已经造成了严重的后果。深圳市是我国最早对外开放的城市之一，每天有大量的流动人口和货物进出口岸，很容易有意或无意地引入外来物种，因此最容易受到外来有害生物的侵袭。我国南方出现的外来入侵物种也多是由深圳传入（邵志芳等，2006）。目前，深圳市由于人为主动（如为满足绿化需求）或无意识引入的外来物种数量已达 102 种，其中有 38 种已被列入我国外来入侵物种编目，占广东省列入外来入侵物种编目的 50.7%。这些外来物种绝大多数产于美洲热带地区，多为草本和藤本。对深圳林业造成重大危害的外来有害生物主要有薇甘菊、五爪金龙、红火蚁、松突圆蚧、椰心叶甲、刺桐姬小蜂等。由于深圳市长期开展除治性采伐、皆伐工作，松突圆蚧灾害现已得到较好防治。随着易感虫害刺桐属植物的逐渐淘汰，刺桐姬小蜂在全市分布范围越来越小，现为零星分布。目前深圳市分布最广、危害最为严重的林业有害生物外来入侵种类为薇甘菊，全市 10 区均有分布。这类植物常攀缘在其他植物体上，密密地覆盖着其他树木的树冠，使其他植物无法得到足够的阳光而慢慢枯死，对深圳市本地多种低矮乔木、灌木和草本植物危害严重。目前，深圳市采用物理、化学防治为主，简单生物防治为辅的方法控制其危害，尚未有较为成熟的生物防治手段（钟晓青等，2004；李一农等，2007；邵志芳等，2006；王佐霖等，2015）。

薇甘菊为菊科多年生草本或灌木状攀缘藤本植物，原产自中美洲，现广泛分布于亚洲和大洋洲的热带地区。薇甘菊生长极为迅速，繁殖力强，扩散速度极快，于 1919 年在香港出现，1984 年在深圳市发现（孔国辉等，2000），1999 年后相继在深圳市梧桐山、银湖山、大小南山、大鹏半岛、深南大道、宝安区农田、福田区红树林自然保护区、莲花山以及内伶仃岛等地成片出现（刘俊武等，2010）。2015 年遥感解译数据显示，全市薇甘菊总计达 1 363.31 hm^2。薇甘菊入侵对深圳市的自然生态系统的影响较小，对人工林或人为干扰严重的生态系统的影响较大。

有调查结果显示，深圳市 60%的人工林存在薇甘菊入侵现象。目前，薇甘菊在深圳市已经形成两个比较显著的分布中心，其一为羊台山—吊神山一线东坡的低海拔区域及沟谷地段，另一个为东部滨海地区海边及低丘陵地区，多分布于人为干扰明显的路边和荒地，危害面积已达 2 万 hm^2 以上。其主要危害体现在以下方面：一是借助蔓生茎攀缘并迅速覆盖于其他植物上，使所覆盖植物因接受不到阳光而无法进行光合作用，从而使成片树木枯萎死亡；二是通过分泌化感物质，影响本地物种生存；三是通过比本土植物多用或少用降水而影响当地水文循环，改变本地生境的自然条件；四是通过形成单优群落，造成相对均一、单调的景观，破坏本地景观多样性；五是入侵农田、果园等，造成巨大的经济损失。

第七章
深圳市城市灾害风险评估

在明确了深圳市气象灾害、地质灾害、环境污染灾害、生物入侵灾害的基础上，针对不同种类的城市灾害风险，选择合适的评估方法开展深圳市城市灾害风险评估工作。分析评估深圳市各种城市灾害风险发生的可能性、大小与空间分布，以及可能造成的损失，为开展城市灾害风险防范与管理研究工作奠定基础。

第一节　气象灾害风险评估

气象灾害风险评估是指对风险区域遭受不同程度气象灾害的可能性及后果进行定量分析和评价。定量化风险评估的首要目的是找出风险后果或危险程度与评估指标之间的对应关系。以《气象灾害风险评估技术指南》为参考，本书采用指标体系构建与 GIS 风险建模评估相结合的方法，开展深圳市台风、暴雨两大类气象灾害风险评估。根据气象灾害在城市地区造成的影响和破坏，以及城市地区承灾体脆弱性和易损性特征，选取合适的气象灾害风险评估指标体系，包括灾害历史发生频率/频次、城市人口密度、城市路网密度、地均 GDP、人均第三产业产值等。以城市基层行政单位为统计单元，对指标数据进行归一化处理，作为城市气象灾害风险评估的初始值。通过层次结构分析法计算各指标权重，通过危险性评价指数数学模型计算城市气象灾害危险性指数，并依据指数大小划分对应等级，从而科学评估深圳市各区域气象灾害风险现状及水平。

一、城市风灾风险评估

深圳市的城市风灾主要表现为台风灾害。台风灾害风险是不同强度台风造成的承灾体脆弱性和台风灾害发生可能性共同作用的结果，与孕灾环境密切相关，如天气状况、风压、气压、海洋表面温度、气温、大气环流以及地转偏向力等。深圳市台风灾害的产生要素在长时间尺度上存在较大变化和不确定性，难以量化表达每场台风对不同区域造成的影响程度。此外，深圳市台风历史数据存在部分年份不完善、统计不全面等情况。因此，本书采用台风频数和台风路径长度表征台风发生及影响的时空可能性特征。台风发生频数越高，则该地区受台风影响的可能性越大；台风穿越路径长短与其对于穿越区域的影响相关，存在边缘“扫过”和中心贯穿的差异。

以深圳市气象、社会经济发展等方面的统计数据为基础，利用 ArcGIS 空间分析模块分别计算每个空间单元受台风影响的频数，以及每个单元内穿越的台风路径总长度，将其与人口密度、人均 GDP 分布等图层进行叠加分析与计算，得出各空间单元内的台风灾害风险指数。参考国内相关领域学者的分级标准（易云梅，2012），将台风灾害风险划分为高风险、中风险、一般风险 3 个等级。各等级的台风灾害及风灾落点分布如图 7.1 所示。评估结果表明，深圳市台风高风险区域主要集中在东部沿海的盐田区和大鹏新区，中部的福田区、罗湖区南部，以及西部前海、南山区蛇口半岛、宝安区西乡街道沿海等区域。

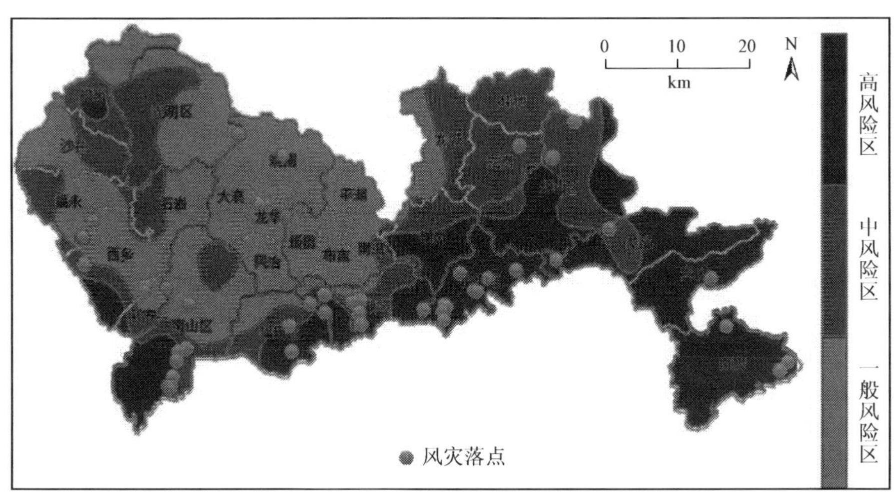

图 7.1　深圳市台风灾害风险等级

引自：深圳特区报 http://sztqb.sznews.com/html/2016-03/16/content_3480526.htm。

二、城市内涝灾害风险评估

深圳市城市内涝灾害风险评估主要为暴雨灾害风险评估，需综合考虑致灾因子和孕灾环境两方面。在评估过程中，本书采用暴雨强度综合指数表征致灾因子的危险性，暴雨灾害敏感性指数表征孕灾环境的敏感性。其中，暴雨强度综合指数综合考虑了深圳市的降雨频次、发生强度、持续时间等，通过加权求积方法计算获得；暴雨灾害敏感性指数主要考虑地形高程、河网密度等，通过加权求和方法计算获得。致灾因子的危险性和孕灾环境的敏感性是互相作用的，因此将二者赋予不同的权重，采用加权求积方法用于计算深圳市暴雨灾害风险指数，各指标权重来自专家打分结果。利用 ArcGIS 工具将深圳市各区域暴雨灾害风险指数与该区域内的人口分布、排水管网密度、单位面积 GDP 等社会经济要素进行叠加分析，得到深圳市暴雨灾害风险评估等级图（图 7.2），其等级划分主要依据国内学者的相关研究成果（易云梅，2012）。

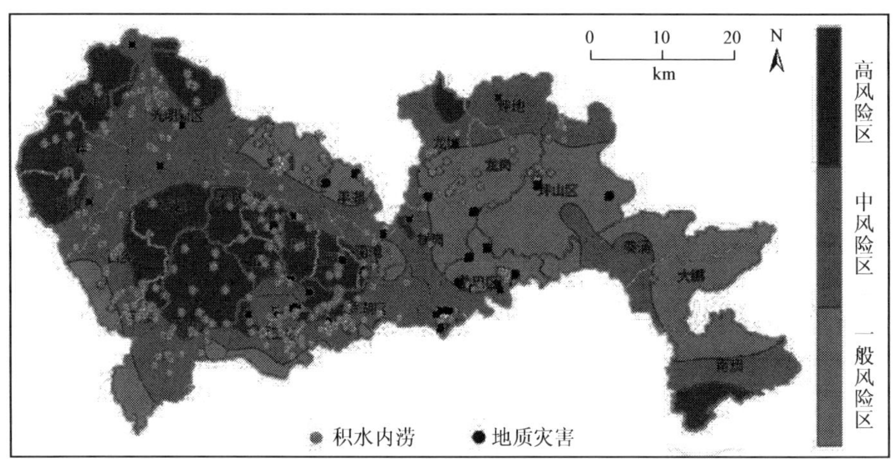

图 7.2　深圳市暴雨灾害风险评估等级

引自：《深圳特区报》（http：//sztqb.sznews.com/html/2016-03/16/content_3480526.htm）。

暴雨强度综合指数分析结果表明，深圳市存在 3 个显著的暴雨高发区，分别为：深圳市中南部的南山区东南部、福田区、罗湖区中西部和宝安区东南部区域（简称 A 区），深圳市东南部的盐田区和龙岗区西南部（简称 B 区）以及深圳市东部的葵涌、坪山一带（简称 C 区）。3 个高发区中又以福田区的沙头社区、盐田区的正坑水库发生频次最高（15 次）。A 区为深圳老城区或城市化进程中心区，较为繁华，城市化进程加快后，由于城市建筑物高低不一，其粗糙程度比郊区大，这不仅会引起湍流，而且对稳定滞缓的降水系统有阻碍效应，使其移动速度减慢，降水云系在城区停留的时间加长，从而导致城区降水时间的延长、降雨量增大。B 区、C 区在深圳市中东部地区，多为丘陵地带，其中 B 区在梧桐山南面，C 区在七娘山系南面，在汛期气流越过山脉时均为迎风坡。地形引起的上升运动使对流发展，也可能成为中小尺度对流系统的触发机制，受地形抬升作用容易使降水增幅明显。而宝安和龙岗两区的中北部为大暴雨的低发区，这两区为深圳市的次中心区，城市化进程相对较慢，龙岗区在梧桐山和七娘山北部，汛期时大部分时间处在背风坡，大暴雨降水相对较少。根据暴雨灾害风险评估等级图（图 7.2）可知，深圳市强降雨致涝风险较高区域主要集中在南山区北部、福田区北部、罗湖区西北部及宝安区东南部、龙华区南部、龙岗区西南部等中部地区以及宝安区西北部、光明区北部等地区。深度大于 50 cm 的积涝点大部分位于西部和中部。

第二节　地质灾害风险评估

地质灾害风险评估包括危险、暴露、易损性等方面的内容，主要是根据地质特征和原有的数据预测灾害发生的可能性，同时也对灾害发生的损害程度进行推定。地面坍塌灾害为深圳市近年来发生频率最高、造成危害最大的地质灾害类型，其次为斜坡类地质灾害。因此，本书重点评估地面坍塌灾害和斜坡类地质灾害。

一、地面坍塌灾害风险评估

选取深圳市基础信息较为全面的地面坍塌隐患点共 9 246 个（入库数据），按照致灾因子和影响因素划分为管道隐患点和地下空洞隐患点两大类型。由于地面坍塌灾害主要受人为因素影响，一旦发生，将直接造成人员伤亡和经济损失。因此，在参照《地质灾害危险性评估规范》（DZ/T 0286—2015）、《地质灾害调查与评价》等国家和行业评估标准以及国内学者相关研究成果（吴树仁等，2009）的基础上，结合数据的可获得性及完整性，综合考虑地面坍塌灾害规模大小及深圳市地下空间坍塌事故所带来的危害，以地面坍塌灾害风险隐患点所造成的潜在经济损失和受威胁的人数作为评价指标，将地面坍塌灾害隐患点划分为Ⅰ级（特大级）、Ⅱ级（重大级）、Ⅲ级（较重大级）、Ⅳ级（一般级）4个等级，具体划分标准见表7.1。

表7.1　深圳市地面坍塌灾害风险评估等级划分

级别	等级划分标准	
	潜在经济损失/万元	受威胁人数/人
Ⅰ级（特大级）	≥1 000	≥30
Ⅱ级（重大级）	500～<1 000	10～<30
Ⅲ级（较重大级）	50～<500	3～<10
Ⅳ级（一般级）	<50	<3

注：只要潜在经济损失或受威胁人数其中一项达到某一类区间值，就纳入对应级别。

以表7.1的地面坍塌灾害风险评估等级划分标准为依据，利用Excel表格工具对所选取的深圳市地面坍塌隐患点进行筛选、灾害风险评估及等级划分。结果表明，深圳市Ⅰ级（特大级）地面坍塌灾害隐患点共102处，占已统计隐患点的1.10%；Ⅱ级（重大级）隐患点502处，占5.43%；Ⅲ级（较重大级）隐患点1 033处，占11.17%；Ⅳ级（一般级）隐患点7 609处，占82.30%。

二、斜坡类地质灾害风险评估

采用定性和定量相结合的方法，通过分析深圳市斜坡类地质灾害的易发程度，评估全市地质灾害风险。其中定性评价是根据地质灾害特征，结合地质灾害发育现状、发生频率进行地质灾害易发程度评价；定量评价是采用合适的评价模型，确定各致灾因子权重及强度指数，计算出各单元斜坡类地质灾害易发程度指数，进行地质灾害易发程度评价，并在评价结果基础上划分地质灾害高易发区、中易发区、低易发区。具体评价流程及方法如图7.3所示。

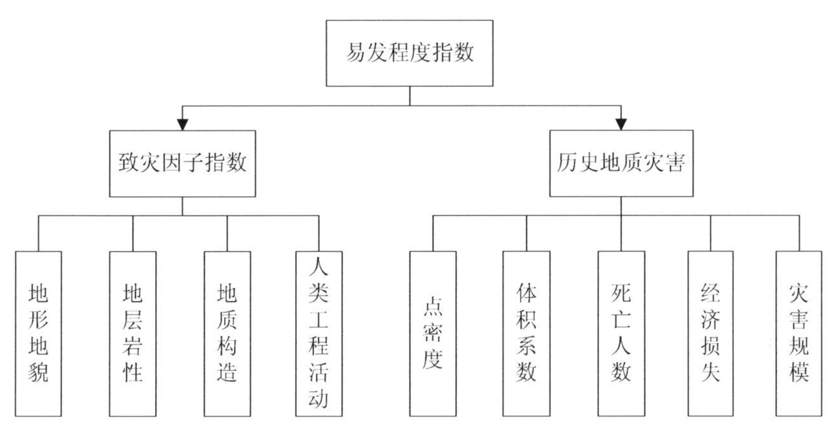

图 7.3 地质灾害易发程度评价流程

斜坡类地质灾害易发程度指数（A）可按式（7-1）计算：

$$A=\sum_{i=1}^{n}a_i b_i \tag{7-1}$$

式中：a_i —— 致灾因子权重；

b_i —— 致灾因子强度指数。

斜坡类地质灾害致灾因子、权重及强度指数的确定可参见表 7.2。评估指标权重采用专家咨询及打分的方式获得。

表 7.2 斜坡类地质灾害易发程度评估指标权重分配

致灾因子		高易发区	中易发区	低易发区	权重
地形地貌	地面平均坡度	≥40°	20°～40°	＜20°	0.02
	地层岩性	差	较差	一般	0.15
	地质构造	发育	较发育	一般	0.02
人类工程活动强度		强烈	中等	较弱	0.15
历史地质灾害	点密度/（个/km^2）	≥3	1～3	＜1	0.30
	体积系数/（m^3/km^2）	≥200	100～200	＜100	0.30
	死亡人数/人	≥10	3～10	＜3	0.02
	经济损失/万元	≥500	100～500	＜100	0.02
	灾害规模/m^3	≥1 000	100～1 000	＜100	0.02
判别强度		4	3	2	—

以深圳市国土资源部门提供的地形地貌和历史地质灾害灾情统计数据为基础，选取地面平均坡度、地层岩性、地质构造、人类工程活动强度及历史地质灾害发生点密度、体积系数、死亡人数、经济损失、规模大小等指标。将各项评价指标空间分布图进行栅格化处理，按照上述评价流程，计算深圳市地质灾害易发程度指数（图 7.4）。将标志判别强度高易发区（4）和中易发区（3）的中间值 3.5 设定为高、中易发区的界限值，即 $A \geqslant 3.5$ 为高易发区；中易发区（3）和低易发区（2）的中间值 2.5 设定为中、低易发区的界限值，$A < 2.5$ 为低易发区，$3.5 > A \geqslant 2.5$ 为中易发区。评估结果表明，深圳市斜坡类地质灾害高易发区主要分布于宝安区大浪村—茜坑—观澜、龙岗区布吉—南湾街道、南山区月亮湾—蛇口赤湾等 11 个区域，中易发区主要分布于宝安区麻布村—兴围村、龙岗区荷坳—李朗村、大鹏新区布新村—南澳水头沙等 11 个区域，而低易发区在全市各区均有分布。

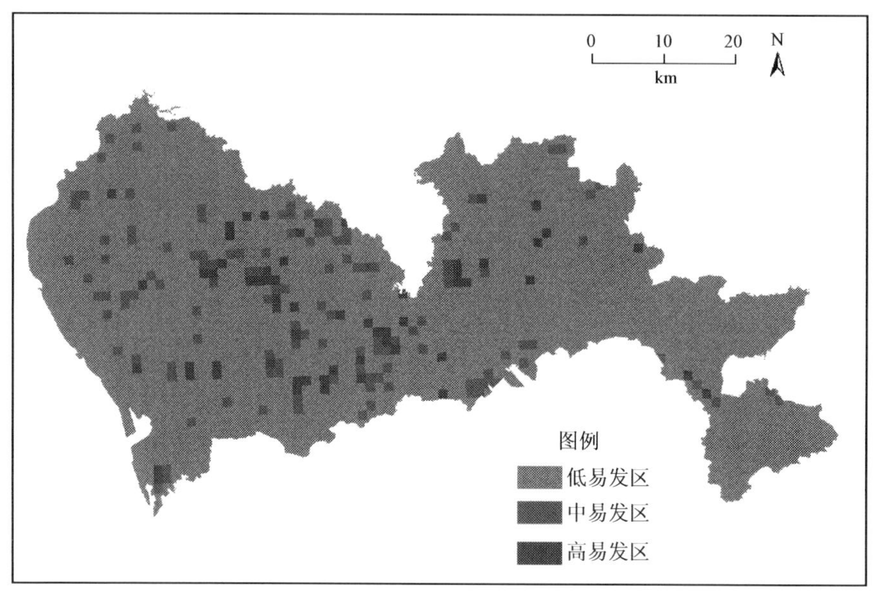

图 7.4 深圳市斜坡类地质灾害风险等级

第三节　城市环境污染灾害风险评估

一、工业废水污染事件风险评估

按照企业类型、生产规模、污水排放量等，将工业废水污染源分为重点污染源和一般污染源。以深圳市最新的污染源数量统计和水质监测数据为基础，本书选取市管重点工业污染源密度和市管一般工业污染源密度作为深圳市工业废水污染源风险评估指标，对深圳市市管 205 家重点工业污染源监管企业和 1 079 家一般工业污染源监管企业进行工业废水风险评估。首先，借助 GIS 中 fishnet 模块生成深圳市 1 km×1 km 的网格地图；其次，结合全市工业企业污染源空间分布特征及生产管理特点，以 1 km^2 为评估单位，对各空间单元进行工业污染源密度及风险等级划分和颜色赋值。综合参考环境影响评价技术导则中地表水与地下水的内容，将深圳市工业废水风险划分为 4 个等级，分别为极高风险、高风险、中风险、低风险 4 个级别（表 7.3）。

表 7.3　深圳市工业废水风险等级划分

级别	等级划分标准
极高风险	$X_0 \geqslant 2$，$N_0 \geqslant 5$
	$X_0=1$ 且 $N_0 \geqslant 2$
高风险	$X_0=1$ 且 $N_0=1$，$N_0=4$
中风险	$X_0=1$ 且 $N_0=0$，$0<N_0<4$ 且 $X_0=0$
低风险	$X_0=0$ 且 $N_0=0$

注：X_0 表示市管重点工业污染源密度，个/km^2；N_0 表示市管一般工业污染源密度，个/km^2。

评估结果显示，深圳市工业废水极高风险区主要分布于宝安区、龙岗区、坪山区、南山区、光明区等区域。极高风险源呈现沿河流流域分布的特征，以茅洲河流域分布最多，坪山河和龙岗河流域次之。按照企业类型划分，工业废水极高风险源以工业线路板和电镀企业最多（图 7.5）。

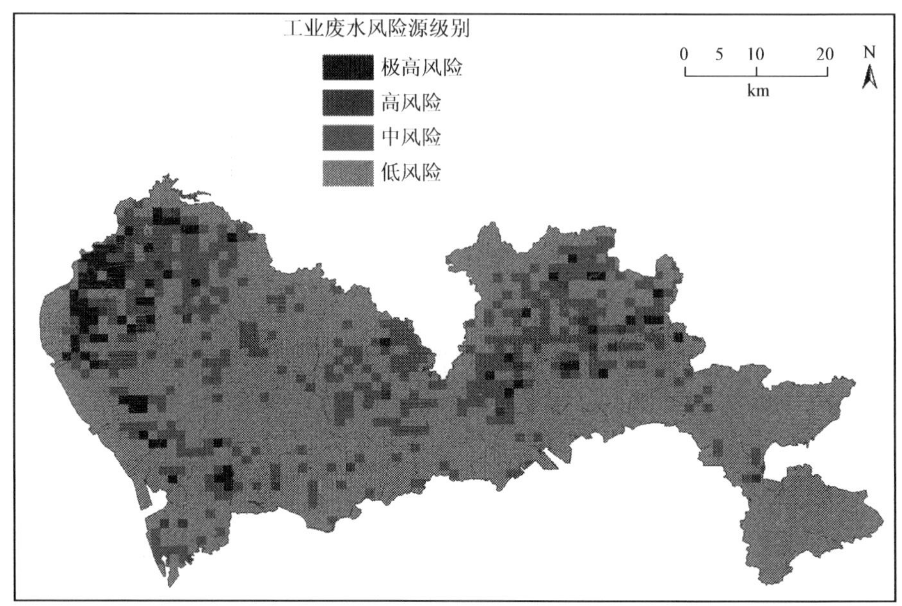

图 7.5 深圳市工业废水风险源分布

二、固体废物污染事件风险评估

（一）城市垃圾填埋场风险评估

垃圾填埋造成的环境污染灾害风险主要来源于填埋区作业不规范、渗滤液处理设施和填埋场气体收集处理利用设施运行事故等导致的环境风险事故，包括地下水、地表水、大气等环境污染事件以及火灾、爆炸等次生灾害事件。依据垃圾填埋造成的环境污染事件的主要原因和形式，构建由内因性指标和外因性指标构成的填埋场环境风险评估指标体系。内因性指标包括生活垃圾累计填埋量、渗滤液导排及处理系统、填埋气体收集处理及利用系统、填埋气体利用工程自动化控制水平、地下水导排与监测系统、防渗衬层系统、雨污分流系统以及场地环境敏感性指标（人口密度、厂区平面布置、地质水文条件）；外因性指标包括综合管理、风险源管理和环境应急管理等。根据专家打分方法对各项指标赋予风险权重值，加权求和计算评价指标总分值。

参照《深圳市生活垃圾填埋场环境风险评估及等级划分技术规范》对全市垃圾填埋场风险等级进行划分（表 7.4）。评估结果表明，深圳市处于极高风险等级的垃圾填埋场有 2 座，分别为老虎坑垃圾卫生填埋场和下坪固体废物填埋场；处于低风险的垃圾填埋场也包括 2 座，分别为坪西垃圾卫生填埋场和鸭湖垃圾填埋场（已封场）。

表 7.4　深圳市城市垃圾填埋风险等级划分标准及评估结果

环境风险等级	评价指标总分值	垃圾填埋场数量/座
极高风险	≥90	2
高风险	60～89	0
中风险	40～59	0
低风险	＜40	2

（二）城市垃圾焚烧厂风险评估

深圳市垃圾焚烧厂风险源主要包括焚烧炉、烟气净化系统、污水处理站、垃圾卸料大厅、燃油系统等。与垃圾填埋类似，深圳市垃圾焚烧厂风险评估指标同样由内因性指标和外因性指标构成。内因性指标包括垃圾焚烧规模、工艺/设备水平、烟气净化、污水处理、厂址水文地质条件、人口密度等；外因性指标包括综合管理、焚烧系统管理、污染控制管理和环境应急管理。采用加权求和的方法，计算各垃圾焚烧厂的风险评估指标综合得分。

参照《深圳市垃圾焚烧厂环境风险评估及等级划分技术规范》，将深圳市垃圾焚烧厂风险划分为 4 个等级（表 7.5）。结果表明，深圳市处于极高风险等级的垃圾焚烧厂有 1 座，为老虎坑垃圾焚烧发电厂（一期、二期）；中风险等级垃圾焚烧厂 2 座，为南山垃圾焚烧发电厂、平湖垃圾焚烧发电厂一期和二期；低风险垃圾焚烧厂 2 座，分别为盐田垃圾焚烧发电厂和龙岗垃圾焚烧发电厂。

表 7.5 深圳市城市垃圾焚烧风险等级划分标准及评估结果

环境风险等级	评价指标总分值	垃圾焚烧厂数量/座
极高风险	≥90	1
高风险	60～89	0
中风险	40～59	2
低风险	＜40	2

（三）城市危险废物处置风险评估

深圳市危险废物风险源主要包括危险废物专用收集容器、危险废物专用运输交通工具、危险废物专用贮存设施以及危险废物减量化、资源化、无害化处置设施等。其风险评估主要是针对危险废物经营单位的环境风险评估，指标体系由内因性指标和外因性指标构成。内因性指标反映因客观因素导致的不同环境风险程度，包括经营规模、运输条件、经营范围、处置工艺、污染物处理设施及场址环境敏感性；外因性指标反映单位因管理水平的不同导致的不同环境风险，涉及安全评价、体系认证、环保规定执行等方面，具体包括综合管理、环境风险源管理、生产设备检修管理、环境应急管理等。通过外因性指标对内因性指标进行修正，加权求和后获得各危险废物经营单位环境风险评估指标总得分。

参考《深圳市危险废物经营单位环境风险评估及等级划分技术规范》以及国内学者的相关研究成果（金萍，2004），对深圳市城市危险废物处置风险进行等级划分（表 7.6）。评估结果表明，深圳市 31 处潜在固体废物风险源（仅考虑垃圾处理设施、危险废物处置设施）中，包括极高风险源 14 处，占风险源总量的 45.2%；高风险源 8 处，占 25.8%；中风险源 4 处，占 12.9%；低风险源 5 处，占 16.1%。各等级的潜在固体废物风险源在空间上的分布如图 7.6 所示。

表 7.6 深圳市危险废物经营单位风险等级划分标准及评估结果

环境风险等级	评价指标总分值	企业数量/家
极高风险	≥90	14
高风险	60～89	8
中风险	40～59	4
低风险	＜40	5

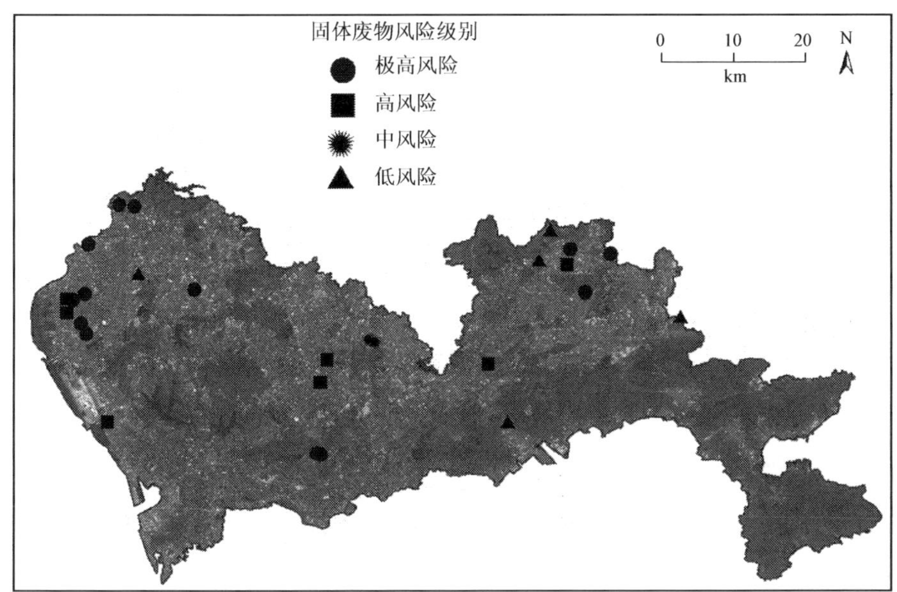

图 7.6 深圳市固体废物处置及主要产生单位风险等级空间分布

三、危险化学品污染事件风险评估

危险化学品污染事件风险评估是针对具有易燃、易爆或有毒害性质的危险化学品物质，由于泄漏或者其他原因引起的事故对人身或环境造成的影响和损害的评估。危险化学品重大污染源是指长期或者临时生产、贮存、使用和经营危险化学品，且危险化学品的数量等于或超过临界值的单元，是危险化学品环境污染灾害风险的主要来源和责任主体。危险化学品重大污染源的环境风险级别越高，其造成灾害的可能性越大。因此，本书以《危险化学品重大危险源辨识》（GB 18218—2018）为参考，对深圳市 58 处危险化学品重大污染源进行风险等级评估。重大危险源分级指标（R）的计算方法如式（7-2）：

$$R=\alpha\left(\beta_1\frac{q_1}{Q_1}+\beta_2\frac{q_2}{Q_2}+\cdots+\beta_n\frac{q_n}{Q_n}\right) \quad (7\text{-}2)$$

式中：R —— 评估单元内各种危险化学品实际存在量与其相对应的临界值比值，经校正系数校正后的比值之和；

q_1，q_2，…，q_n——每种危险化学品实际存在量，t；

Q_1，Q_2，…，Q_n——与各种危险化学品相对应的临界量，t；

β_1，β_2，…，β_n——与各危险化学品相对应的校正系数（取值见表 7.7、表 7.8）；

α——危险化学品重大危险源厂区外暴露人员的校正系数(取值见表 7.9)。

以 500 m 为缓冲半径，利用 ArcGIS 中的缓冲区分析工具，获得深圳市 58 处危险化学品重大危险源的环境风险影响范围，结合深圳市人口密度分布，即可核算出全市各危险化学品重大危险源的厂外可能暴露人员数量。

表 7.7 校正系数β取值

危险化学品类别	毒性气体	爆炸品	易燃气体	其他危险化学品
β	见表 7.8	2	1.5	1

注：危险化学品类别依据《危险货物品名表》中分类标准确定。

表 7.8 常见毒性气体校正系数β取值

毒性气体名称	一氧化碳	二氧化硫	氨	环氧乙烷	氯化氢	溴甲烷	氯
β	2	2	2	2	3	3	4
毒性气体名称	硫化氢	氟化氢	二氧化氮	氰化氢	碳酰氯	磷化氢	异氰酸甲酯
β	5	5	10	10	20	20	20

注：未在表中列出的有毒气体可按照β=2 取值，剧毒气体可按照β=4 取值。

表 7.9 校正系数α取值

厂区外可能暴露人员数量	α
100 人以上	2.0
50～99 人	1.5
30～49 人	1.2
1～29 人	1.0
0 人	0.5

根据重大危险源分级指标的计算结果，按照表7.10确定危险化学品重大危险源的级别。

表7.10 危险化学品重大危险源级别和 R 值的对应关系

危险化学品重大危险源级别	R
一级	$R \geqslant 100$
二级	$100 > R \geqslant 50$
三级	$50 > R \geqslant 10$
四级	$R < 10$

评估结果表明，深圳市危险化学品一级重大危险源有28家，二级重大危险源有12家，三级重大危险源有11家，四级重大危险源有7家。其中，一级重大危险源除福田区外，其他各区均有分布，以前海、南山招商、蛇口等片区分布最为集中。根据危险化学品类型划分，深圳市一级重大危险源主要为汽油库（罐）区、部分液氨储罐、合成液化气厂、液化天然气库区、燃气储备站、饮用水水源周边氯库、民爆和剧毒品仓库等；二级重大危险源主要为氯库、部分液氨储罐、液化石油气储罐区等；三级重大危险源主要为燃气站及部分氯库；四级重大危险源主要为危货堆场及其他危险化学品生产区。

四、其他环境污染类物质污染事件风险评估

（一）大气中多环芳烃（PAHs）风险评估

深圳市大气中的多环芳烃（PAHs）风险主要表现为毒性和致癌性。根据美国国家环境保护局（EPA）评价毒性的方法，本书采用致癌风险值（TR）对深圳市大气中PAHs环境健康风险进行评估。TR表示暴露于PAHs中导致的人一生中超过正常水平的癌症发病率。计算多类PAHs风险时，一般将它们的致癌风险相加，得出总的致癌风险，而不考虑它们之间的协同和拮抗作用。因此，深圳市大气中的各类PAHs的致癌风险值可通过式（7-3）～式（7-5）进行计算：

$$\mathrm{TR}=\sum_{i=1}^{n}\mathrm{TR}_i \tag{7-3}$$

对低剂量暴露：

$$\mathrm{TR}_i=\mathrm{CDI}_i\times\mathrm{SF}_i \tag{7-4}$$

对高剂量暴露：

$$\mathrm{TR}_i=1-\exp(-\mathrm{CDI}_i\times\mathrm{SF}_i) \tag{7-5}$$

式中：SF_i——污染物的致癌斜率因子，kg·d/mg，可通过美国 EPA 官方网站查询获得；

CDI_i——通过 i 途径（大气）进入人体的污染物日摄入剂量值，mg/（kg·d）。

评估结果显示，深圳市 PAHs 冬季总致癌风险为 2.24×10^{-6}，夏季总致癌风险为 1.41×10^{-6}，冬季致癌风险高于夏季致癌风险。美国 EPA 推荐的可接受致癌风险指数为 10^{-6}～10^{-4}，国际辐射防护委员会（ICRP）推荐的最大可接受值为 5.0×10^{-5}。因此，深圳市大气中 PAHs 致癌风险处于正常可接受的范围内（致癌风险为 1.0×10^{-6}，即说明 100 万受暴露者中增加 1 例癌症），也说明深圳市大气中 PAHs 对人体健康的风险较低。

（二）土壤中多环芳烃（PAHs）风险评估

根据国内学者对深圳市表层土壤 188 个多环芳烃监测点位数据频率转换直方图分析，深圳市 16 种 PAHs 的浓度近似正态分布（章迪等，2014）。因此，可借助 ArcGIS 工具对深圳市土壤中 PAHs 浓度进行普通 Kriging 插值，依据 Maliszewska-Kordybach（1996）提出的标准对深圳市土壤中 PAHs 的污染程度进行判断。评估结果表明，深圳市土壤中的 PAHs 生态风险在世界范围内仍处在一个相对较低的水平，全市范围大部分区域的表层土壤尚属于无污染（Σ_{16}PAHs[①]≤200 ng/g）或轻度污染（200 ng/g<Σ_{16}PAHs≤600 ng/g），局部中等污染区域 Σ_{16}PAHs 为 600～1 000 ng/g。其中，宝安和龙岗工商业区的污染水平普遍高于其他地带，主要原因

① Σ_{16}PAHs 表示 16 种 PAHs 的浓度。

为交通、工商业等人为活动的影响。经历了 40 多年的快速城市化和工业化发展，深圳市表层土壤 PAHs 污染受人为活动影响较大，公明、观澜、龙城、坪地以及前海湾、葵涌西海岸等地岛状重度污染区（Σ_{16}PAHs＞1 000 ng/g）应引起足够的重视。

第四节 生物入侵灾害风险评估

借助 GIS 平台 fishnet 工具，将深圳市分成 1 900 多个 1 km×1 km 网格，以 1 km^2 为基本单元开展对深圳市薇甘菊入侵风险评估。以薇甘菊为指示种，通过 GIS 对深圳市薇甘菊遥感影像数据进行融合（union）、空间桥接（spatial join）等，将薇甘菊空间分布属性值赋值至对应公里网格，计算各对应公里网格中薇甘菊入侵强度，具体计算方法如式（7-6）：

$$Q = S / G \times \% \tag{7-6}$$

式中：Q—— 薇甘菊入侵强度，%；

S—— 对应公里网格中薇甘菊分布面积；

G—— 公里网格面积。

薇甘菊的入侵风险等级划分必须以现有的入侵物种分布现状和危害程度为依据。因此，参考国内相关学者研究成果（蒲霜，2016；范志伟等，2010），根据各公里网格中薇甘菊入侵强度，结合深圳市城市建设用地分布以及人口密度、天然林、人工林等分布，将全市薇甘菊入侵风险等级划分为 4 个等级，分别为极高风险、高风险、中风险、低风险，具体划分标准见表 7.11。入侵植物的风险等级并非一成不变，本书中对于入侵风险等级的划分是一次尝试，还有待实践检验。入侵植物的研究既有赖于对不同物种的生态学特性、入侵背景、入侵机制等各方面详细深入的研究，更离不开资料的系统总结，包括考证入侵植物在原产地及其他地方的扩散与入侵程度等。随着各方面工作的深入开展，相信对各个入侵物种将会有更深入的了解，其入侵风险级别也会不断更新，使其更加符合客观实际。

表 7.11 深圳市薇甘菊入侵风险等级划分标准

入侵强度区间	风险等级
$Q \geqslant 5\%$	极高风险
$1\% \leqslant Q < 5\%$	高风险
$0.5\% \leqslant Q < 1\%$	中风险
$Q < 0.5\%$	低风险

根据评价标准，深圳市薇甘菊入侵极高风险区 62 km^2，占深圳市国土面积的 3.1%，主要分布于深圳市宝安区松岗街道与东莞长安镇交界段大岭山—马鞍山、宝安区石岩街道铁岗水库—羊台山、龙华区大浪街道机荷高速沿岸绿化带、罗湖区清水河街道笔架山、福田区梅林街道梅林山、南山区桃源街道塘朗山、龙岗区龙城街道清林径水库北端水源涵养林、龙岗区横岗街道新坡塘、坪山区马峦山—田头山、大鹏新区葵涌街道排牙山等地。高风险区 354 km^2，占深圳市国土面积的 17.73%，全市各区均有分布，以宝安区分布最多。

第五节 评估小结

通过对深圳市气象灾害、地质灾害、环境污染灾害、生物入侵灾害等城市灾害风险评估，结果表明：

（1）气象灾害风险。

深圳市属于低山丘陵滨海区，背山面海，具有亚热带海洋性季风气候特征，而且人口高度密集，台风、暴雨两大类灾害对城市影响较大，每年都给人民生命财产带来巨大损失。其中，台风高风险区域主要集中在盐田区、大鹏新区、前海等沿海片区，暴雨高发区主要集中在老城区、城市化进程中心区及丘陵地带。

（2）地质灾害风险。

地面坍塌灾害风险和斜坡类地质灾害风险对深圳市影响最大。深圳市发展迅速，城市开发力度大，主要受人为因素影响，地面坍塌灾害为深圳市近年来发生频率最高、造成危害最大的地质灾害类型。根据对全市 9 246 个地面坍塌隐患点进行风险评估，深圳市较重大级及以上风险的地面坍塌灾害隐患点占比达 17.7%。

而受城市地形地貌及台风、暴雨等气候影响，斜坡类地质灾害风险仅次于地面坍塌灾害风险。斜坡类地质灾害高易发区主要分布于宝安区大浪村—茜坑—观澜、龙岗区布吉—南湾街道、南山区月亮湾—蛇口赤湾等 11 个区域。

（3）环境污染灾害风险。

深圳市环境污染灾害风险包括工业废水污染、固体废物污染、危险化学品污染、其他环境污染类等灾害风险，其中，工业废水极高风险区主要分布于宝安区、龙岗区、坪山区、南山区、光明区等区域，呈现沿河流流域分布的特征，以茅洲河流域分布最多，坪山河和龙岗河流域次之，且工业废水极高风险源以工业线路板和电镀企业最多；31 处潜在固体废物风险源（仅考虑垃圾处理设施、危险废物处置设施）中，极高风险源和高风险源占风险源总量的 71%；危险化学品一级重大危险源除福田区外，其他各区均有分布，以前海、南山招商、蛇口等片区分布最为集中；表层土壤 PAHs 污染受人为活动影响较大，公明、观澜、龙城、坪地以及前海湾、葵涌西海岸等地为重度污染区（Σ_{16}PAHs＞1 000 ng/g），而大气中 PAHs 对人体健康的风险较低。

（4）生物入侵灾害风险。

目前，深圳市分布最广、危害最为严重的林业有害生物外来入侵物种为薇甘菊，全市 10 区均有分布，以宝安区分布最多，对本地生物物种的生存产生较大的威胁。

第八章

深圳市城市灾害风险防控与管理对策

城市灾害风险防控是在对城市灾害风险进行全面调查、分析、评估的基础上，通过采取一定的合理监测、预警、预防、处置等措施及时有效地降低城市灾害发生的概率或减轻城市灾害给城市带来的损失，保护城市居民生命财产安全，维护城市安全稳定运行及可持续发展。随着深圳市现代化进程加快，城市规模不断扩大，复杂的城市形态、社会经济结构以及自然与技术特点使得城市灾害频发，再加上城市灾害风险的多因性、系统性和不可预期性，造成城市气象灾害、地质灾害、环境污染、外来物种入侵等各种灾害风险大大增加，不利于城市可持续发展的实现。如何科学地应对城市灾害并及时、有效地加以处理，是深圳市政府必须面对的一个重大课题。因此，针对深圳市城市灾害，亟须基于前文对深圳市城市灾害识别与评估结果，结合深圳市实际，针对不同类型的城市灾害风险，依据其主要特征、发生概率、危害程度等，制定行之有效的城市灾害风险防范策略，以最大限度地降低灾害可能给城市造成的损失。

第一节　完善城市灾害风险综合管理机制

制定适应城市灾害风险综合管理的法制体系及规划等纲领性文件，建立综合灾害管理的领导机构、应急指挥专门机构和专家咨询机构，充分发挥政府在城市综合风险管理的主导地位，同时，加强各部门合作，建立完善应急联动机制，整合灾害管理的组织、资源和信息，以提高应对日益复杂的城市灾害的能力。

一、建立统一的、专门的城市灾害风险管理机构

英国伦敦、日本东京、美国纽约等国际化大都市分别成立了伦敦地方复原力论坛（LRFs）、纽约减灾规划委员会（MPC）、“基于社区的危险度调查委员会”负责当地的城市风险管理工作，发挥应急管理系统的统筹协调作用。由于深圳市灾害风险涉及气象、国土、安监、环保等多个部门，不同类型城市灾害风险管理较为分散。为加强各部门合作，建立完善应急联动机制，深圳市可借鉴英国伦敦、日本东京、美国纽约 3 个国际化大都市的管理经验，尽快进行灾害管理资源整合。依托深圳市减灾委员会，联合深圳市政府内及政府外各部门及组织组成跨部门协调机构，负责统筹协调深圳市灾害风险管理工作。充分发挥政府的主导作用，构建全社会统一的灾害管理、指挥、协调机制，实现由单一减灾向综合减灾的转变，形成灾害应急能力的合力。

二、建立健全深圳市灾害综合风险管理机制

城市安全保障和重大灾害应急体系只有上升到国家行政的高度，即在体制、机制、法制方面形成一套行之有效的体系，城市灾害风险及其影响才能降到最低（郭小东等，2004）。在《深圳经济特区防洪防风规定》《深圳市气象灾害预警信号发布规定》《深圳市防汛防旱防风抢险救灾工程管理暂行办法》《深圳市地质灾害防治管理办法》《深圳市台风暴雨灾害防御规定（试行）》《深圳市台风暴雨灾害公众防御指引（试行）》《深圳市环境保护局环境污染与破坏事故应急管理办法》等一系列城市灾害风险防范制度基础上，建立以城市为区域的常态化综合性协调机制，实现制度之间的协调，确保制度实效性的发挥。而城市综合风险管理协调机制的关键是建立以风险评估制度为核心的城市风险管理模式。

风险评估制度完善，需要从以下几个方面着手：一是通过立法确定风险评估制度的基础性地位，要求规划和应急预案的编制都必须以风险评估为基础，从程序上解决规划和应急预案所出现的无的放矢的问题；二是规范风险评估的工作流程，制订深圳市灾害风险评估工作相关指南，明确城市灾害风险评估工作要求、统一规范的各级各类风险名录、风险评估的基本程序与方法、风险评估结果的运用等，逐步实现对风险的全过程精细化、标准化、空间化管理；三是公开透明，

实时更新和及时公布风险评估结果，制定深圳市灾害风险评估结果和登记动态更新制度，及时公开除恐怖袭击等敏感信息外的其他城市灾害风险信息，保障公众的知情权。建立以风险评估制度为核心的城市风险管理模式，以此为基础整合现有的管理体制，建立综合的城市灾害风险管理机制。

三、制定深圳市灾害风险防控规划

在已印发实施的《深圳市地质灾害防治规划（2016—2025 年）》《深圳市土壤污染治理与修复策略规划（2017—2020 年）》《深圳市地下水污染防治规划》《深圳市防震减灾“十三五”规划》等规划基础上，加快制定并实施深圳市海洋自然灾害防灾减灾、固体废物污染防治、外来生物入侵防治等相关城市灾害风险防治规划。通过开展当地资源概况、防灾工程等调查分析，已有防灾设施实际防灾能力的定性、定量分析，城市灾害风险评估表制订；城市灾害风险区划，综合减灾目标、规划措施确定，费用-效益分析及方案优选决策等工作，明确城市灾害性质及背景。在城市总体规划的基础上，以城市或区域为依托，开展城市灾害风险防控规划的编制，对城市环境治理及城市土地利用进行科学控制，其内容应贯穿于灾害的“测、报、防、抗、救、援”整个过程，并纳入城市规划一并实施。通过城市灾害风险防治规划的编制实施，尤其是综合防灾减灾规划的制定，为有效防控深圳市灾害风险做好顶层设计。一旦发生频率较高的自然灾害也能快速、顺利开展救灾工作，城市生命线系统的基本功能可以维持，综合直接灾害损失最小，并且不发生其他次生灾害。

第二节　完善气象灾害风险防御体系

针对深圳市影响较大的台风、暴雨等气象灾害，通过学习对比国内外先进城市的发展经验，深入研究各类气象灾害的致灾敏感因子、致灾机理及灾害对深圳市的综合影响，合理应对环境变化所伴随而来的气候极端问题，并完善相应的应急预案和减灾战略，基本建立结构合理、技术先进、组织有力、机制完善的深圳市气象灾害综合风险防御体系，保护城市居民的人身财产安全，维护城市的安全稳定运行。

一、建立完善气象灾害综合监测、识别与预警体系

对灾害事件的预警工作是对气象灾害有效防范的重要手段，但在此之前必须对致灾因子进行持续动态监测，收集相关的数据和信息，结合致灾因子作用于社会系统的脆弱性进行风险评估，判定这一风险是否超越了特定社会系统的承受能力，从而预判突发事件是否会发生，及时向社会公布准确的信息，警示公众采取合适的、及时的行动。

首先，建立完善一套完整的城市气象灾害综合监测与识别体系，进一步提高气象灾害监测与识别水平，加快建立综合观测系统，避免“水桶效应”（吴亚玲等，2015）。综合运用遥感、卫星定位、地理信息系统、物联网、大数据等现代信息技术手段，通过整合各行业灾害监测资源，建设纵向到底、横向到边覆盖全域，企业和社会广泛参与，集卫星遥感监测、地面监测站网速报、专职信息员直报等多种功能为一体，常态化、业务化的灾害风险监测网络。从而实现单一风险管理模式向综合性管理模式转变，为有效完成城市防灾减灾的任务奠定基础。

其次，以预防为主，提前考虑不同气象灾害及其衍生灾害之间的相互关系，建立并深化深圳市气象灾害综合风险防御预案，对各关联部门的组织架构与职责、运行机制、应急保障、监督管理以及各个部门预案的前期沟通与协调、定期的会商机制、信息共享制度的常态化、非灾害状态的信息报告等作详细规定。在《深圳市突发事件总体应急预案（2013 年修订版简本）》《深圳市气象灾害应急预案》等应急预案基础上，进一步完善气象灾害应急预案体系，详细规范预案中“明确问题及等级”“确定目标和任务”“做好方案的执行规划”“做好各种预算”等方面内容，同时定期开展应急预案演练，及时发现气象灾害应急预案存在的问题，达到全（覆盖全面）、细（可操作性）、练（经过演练）、改（经常更新）4 个标准要求，进一步提高深圳市气象灾害防范和处置能力，打造共建共享共治应急治理新格局。

全面加强全市气象灾害监测、预报预警、气象防灾减灾等工作，建立健全分工明确、协同高效的气象灾害应急响应机制，逐步形成以市总体预案为核心，以专项预案、部门预案和区总体预案为依托，各类单位预案为基础的气象灾害应急

预案体系，才能最大限度地减轻或避免气象灾害造成的人员伤亡、财产损失。

二、构建四级气象灾害预警协同工作机制

不断完善覆盖各级政府和广大民众的气象灾害综合防御组织体系和应急响应体系，进一步完善“政府主导、部门联动、社会参与”的气象灾害防御机制，强化与各级防灾减灾及应急管理部门之间的信息共享和应急联动，深化防灾减灾资源整合与协调配合。按照“一级预警、四级联动，两级监督、分级落实，对点服务、社会响应”的建设思路，构建信息化、集约化、标准化的气象灾害防御协同化平台，将气象灾害监测预警预报信息与区、街道和社区的防灾责任人、应急预案、重点防御区域、重点防御单位等信息进行整合，实现灾前预防、灾中联动、灾后评估的在线操作和人员设备物质的动态管理。实施“互联网+气象服务”行动计划，建立市、区两级防灾部门分工负责线上监督，区、街道和社区防灾部门依职责落实执行预案的气象防灾联动机制。试点建设“区级气象灾害应急协同化工作平台暨气象防灾指挥平台”，形成市、区、街道和社区四级气象灾害预警应急协同工作模式，并逐步示范推广。建立“政府主导、部门联动、社会参与”的气象防灾减灾机制，完善以气象灾害预警信号为先导的部门联动和社会响应机制，真正意义上形成政府统一领导、综合协调，气象部门准确预警，相关部门各负其责、有效联动，各社会组织（单位）广泛协同，广大公众积极参与配合的气象防灾减灾局面。

三、加强台风灾害风险防范

依据《深圳市提升台风暴雨灾害防御能力重点任务实施方案》，进一步健全完善深圳市台风预警及信息公开机制，同时科学规划城市建设，强化城市防台风工程体系的建设，是深圳市加强台风灾害风险防范的当务之急。

一是完善台风灾害监测预警体系构建。进一步提高深圳市台风灾害监测手段和技术条件，建立以气象卫星、多普勒天气雷达、地面自动气象站等为基础，对台风进行全方位实时监测的综合监测体系，提高对台风路径、强度与登陆预报的精细化、科学化水平（端义宏等，2012）。整合、分析并充分利用各类实时监测信息，以深圳市防汛防旱防风指挥部监测的水旱风三防大数据为依托，构建台风灾

害发生、发展、演化的仿真模型，开发仿真模拟系统，研究分析风力、雨量与树木倒伏、树枝折断等现象之间的关系，实现由灾害被动防御向主动防御的转变，从而有效减轻台风灾害。

二是优化调整台风灾害信息发布。建立高效、综合的灾情信息公开及传播平台，搭建一个灾害信息发布的互联网络窗口，面向行政管理机构、社会公众、科研部门提供不同层次的灾情、减灾救灾工作信息服务，宣传救灾减灾领域政策法规，提供文本、图形、多媒体数据查询和下载服务。充分利用现代通信、网络、声像技术，包括双向开通的统一应急电话网络、视频会议会商网络，动态进行灾情传播，使相关人员及时掌握信息。在构建信息传播平台基础上，进行配套设施的改进。开发系列风险管理与预警工作信息产品，制定相关技术标准和规范，定期制作出版并向不同层次用户正式发布，为减灾救灾工作决策提供信息支持，最大限度地消除预警信息的盲点和警报盲区。

三是加强防台风工程体系建设。在防台风工程体系建设时，应充分考虑海平面上升的影响，特别是在防潮堤坝、沿海公路、港口和海岸工程的设计过程中，应当提高设计标准。因此，为提高深圳市抵御台风的能力，必须大力开展海堤（海塘）达标和配套设施建设，强化水利工程安全监管和科学调度。同时，针对易受台风灾害影响区域的重要工程项目建设开展台风影响论证，强化抗御强风、强风暴潮、强降雨以及洪涝、滑坡等的工程措施和影响论证，科学规划城市建设，全面提升城市建筑、交通、电力和城市排水系统等基础设施防台风能力及避灾场所建设。

四、强化城市内涝灾害风险防控

根据深圳市实际，按照国家《城市适应气候变化行动方案》和《关于推进海绵城市建设的指导意见》的基本要求，科学规划深圳市绿地系统，提高城市绿地率、植被覆盖率；综合采取“渗、滞、蓄、净、用、排”等措施，完善雨水回收再利用体系，稳步扩大降雨就地消纳和利用的容量和比例，降低深圳市开发建设对生态系统的影响和破坏。

一是大力推进地下综合管廊建设。深圳市作为改革开放“排头兵”，要在新的领域先行先试，要严格按照《国务院办公厅关于推进城市地下综合管廊建设的指导意见》的相关规定，率先探索地下综合管廊建设。在老城区（如罗湖区、宝安区等）增加规划建设地下综合管廊（重点考虑排洪需要），而在新城区（坪山区、光明区等）推行地下综合廊道与新城区同步规划、同步施工、同步使用，既解决“拉链马路”的问题，又解决城市内涝的隐患。

二是建设排水管网信息系统。建立准确详细的城市排水管网数据库，研制城市排水管网信息管理系统，对城市排水管网进行实时监控。首先，对城市排水管网进行全面调查，摸清城市排水管网的结构、数量、分布、建设年代、建设标准、排水能力等状况，建立详细的排水管网数据库。其次，借鉴国外基于地理信息系统的排水管网系统建设经验，利用现代 GIS 技术、计算机技术、网络技术、传感技术等建设排水管网信息系统，为实时监测、综合分析、预测预报、信息发布、管网抢修和宏观决策提供服务。

三是强化管网管理维护工作。为确保城市排水管网顺畅，减少城市内涝造成的损失，排水管网的管理、疏浚和维护是重要环节。建立健全深圳市排水管网管理维护制度，成立管网管理维护专门机构或队伍；将城市排水管理维护经费纳入城市建设预算范围，并通过立法保证经费足额到位；加强对城市基础设施管理的理论研究，学习国内外其他城市排水管网管理维护的先进理念与技术；针对深圳市降雨致涝高风险区域，进一步强化排水管网的日常维护等工作，确保排水管网常年具有良好的接纳雨水能力，逐步从根本上扭转目前排水管网管理“重建设、轻管理”的局面。

四是采用生态透水硬化方案。城市地表日趋“硬底化”是形成城市内涝的原因之一，城市内涝的防治必须解决好雨水渗透的问题，引导雨水分流。尽量选择透水材料铺设城市地面，在机关、社区等停车场、内部道路必须硬化的部分，采用有孔面砖、混合土基层等生态透水硬化材料，同时满足地面强度、地面透水透气及美化、净化环境要求。在满足排水要求条件下减少浆砌块石护岸，对城市河、库、沟、渠驳岸进行防护时优先采用生态草皮，或采用预制混凝土空心方块护岸，并在方块里填入泥土，种上草皮等小型植物。

五是改革创新和不断完善城市内涝治理体系。建立健全以流域为主的跨界统筹协调治理新体制、新机制，打破行政区划的刚性约束，统筹调配、利用和发挥涉及上下游、左右岸、干支流的防洪设施体系的综合功能。科学制订针对内涝灾害的应急预案，整合深圳市各部门力量，通过应急响应联动，积极应对强降雨排水排涝工作。对于城区易涝点，分类制订内涝预防、应急抢险预案，确保暴雨预警信息发布后，排涝设备提前到位，应对措施落实到位。加强内涝灾害防治知识宣传，提高市民对灾害预警分级含义的了解及防灾意识，同时不定期组织实战演练，提高多部门协同、全民集体行动的灾害应对能力。

第三节　完善地质灾害防控管理体系

地质条件是城市生态环境存在与稳定的基本因素，是城市建设的物质基础。深圳市地质灾害中斜坡类地质灾害发生频率最高，造成危害最大。为了降低地质灾害发生的频率，地质灾害防治部门要积极开展城市基础地质调查，有效预测地质灾害以及对地质灾害信息进行管理，建设与完善地质灾害防控管理体系，从而能够根据实际地质环境特点采取相应的防治措施，真正做到源头防控，大大降低因地质灾害造成的社会经济损失。

一、加强地质灾害勘察及研究

开展城市三维地质结构、填海造地对地质环境的影响等专项地质调查研究，不仅是一项查清深圳市资源环境家底的重要工作，也是为城市规划、城市建设和管理提供科学依据的一项迫切和必要的基础性、先导性工作，对高起点、高标准推进深圳城市化进程具有非常重要的意义。

一是提升地质勘察科技水平。加大地面勘察科技投入，积极引入高科技，利用先进仪器检测设备和 GPS 技术进行地下管线探测、地下空洞、涵洞勘察等，检测地质条件的实际情况。借鉴国际发达国家在地面勘察方面采用的探地雷达技术（Ground Penetrating Radar，GPR），即利用超高频（106～109 Hz）脉冲电磁波探测地下介质分布特征。购买车载探地雷达等先进设备，充分利用 GPR 技术无损快捷、探测准确且连续、分辨率高、图像清晰、探测结果显示直观等优点，定期对全市 604 处地面坍塌灾害重大隐患点（包括整治完的）、人口密集地段、二线“插花地”、车流量大的交通干道等敏感地段进行探测。提升城市地面勘察科技水平，科学地预测预报地质灾害，做到事前防备，将坍塌事故遏制于萌芽状态。

二是开展城市三维地质结构调查及研究。通过采用地质、钻探、物探、化探、遥感、测试、计算机信息等多种技术方法全面系统地开展深圳市基础地质、水文地质、工程地质和环境地质调查，查明城市不同片区的地质结构特征。综合分析城市区域地壳稳定性、岩土工程地质条件、地下水对工程的影响，开展地下空间可利用适宜性评价，并进行工程地质区划，建立城市三维地质结构模型。通过城市三维地质结构模型，清晰地反映城市地下、地表、地上的各类自然和人工对象的特征，更加直观地展现整个区域的地质条件（屈红刚等，2015），为深圳市城市地下空间开发利用和城市工程建设用地选择提供基础资料，减少城市规划、工程设计、施工面临的风险，为城市发展布局和建设规划提供依据。

三是开展填海造地对地质环境的影响研究。开展深圳市填海造地区域内的地质、环境和灾害的详细调查、监测，以及对地质数据进行多学科综合研究，分析深圳市填海造地对地质环境的影响，提出沿海填海造地区域地质环境恶化、地下水污染、填海区建筑物地面沉降、岸线迁移、河口生态环境脆弱性加强及海水倒灌等地质灾害的防治对策，从根本上缓解城市经济开发、空间开发与地质环境载体之间的矛盾，使之向良性方向发展，为深圳市的城市建设与发展提供基础性的地质技术支撑与服务。

二、构建地质灾害预报预警系统

在深圳市已建立的群专结合地质灾害群测群防网络基础上，强化地质灾害监测手段，建立专业监测网络系统，并进一步加强群专结合的群测群防体系建设，重点防范人口密集、工程活动强烈地区，以及供电、供水、供气、通信等重要生命线工程存在地质灾害隐患区域。将专业监测和群测群防简易监测相结合，对危害性大的灾害隐患点进行专业监测，建立“点、面”结合的综合检测体系，进一步提升预报能力和预警水平。

一是健全群专结合的群测群防体系建设。对调查发现的每一处地质灾害点和地质灾害隐患点建立群测群防监测网络，把灾害体、受灾体及成灾影响范围都纳入监测范围。建立市与区、区与街道办、区属相关部门签订责任书，各街道办与社区居委会、居民小组签订责任书的层层有责任、级级抓落实、自上而下、群测群防的地质灾害预防体系。群测群防体系由市级监测网（Ⅰ级网）、区级监测网（Ⅱ级网）、街道及社区监测网（Ⅲ级网）和企事业责任单位监测网（Ⅳ级网）四级构成。Ⅰ级网由市级负责进行专业监测，并指导下级网的工作；Ⅱ级网由各区及国土分局负责，所监测地质灾害隐患点险情较大，采用专业巡查、简易监测或专业监测等措施进行定期监测，同时负责指导下级监测网的监测工作；Ⅲ级网由受地质灾害影响的社区开展地质灾害汛前排查、汛中巡查和汛后核查工作，设定辖区内主要地质灾害隐患点的边界警示并进行监测；Ⅳ级网由企事业责任单位负责进行监测。

二是深化地质灾害专业监测站网建设。针对深圳市的一些危害严重、可能造成大量人员伤亡和重大经济损失的地质灾害点和高易发生区的地质灾害隐患点，在工程治理前应全部纳入专业监测，建立基于物联网的地质灾害专业监测系统，由专业人员利用现代化仪器进行站网式监测，并结合辖区实际逐年完善，实现地质灾害隐患点的全自动监测和监测数据及时传输。针对深圳市地面坍塌灾害及斜坡类地质灾害类型及特点，开展必要的调查和补充勘查工作，布设监测仪器，对降雨强度、地表变形、裂缝、深部位移、地下水及各种斜坡变形破坏的影响因素进行监测，分析地面坍塌灾害隐患点及斜坡体变形破坏的模式、方式、变形速率、诱发因素，确定灾害评价和预报预警指标，建立不同类型地面及斜坡的破坏模型，揭示地质灾害的发灾规律和发育机理，研究灾害发生的临界条件，为地质灾害预报预警和防灾减灾措施的制定提供依据。

三是开展地质灾害预报预警。持续开展深圳市地质灾害预报预警工作，通过多种媒体为全市广大公众提供地质灾害预报信息服务，优先实现斜坡类地质灾害的实时预报预警和信息及时反馈，并根据相关研究工作的深入，不断完善预报预警系统。在典型斜坡专业监测的基础上，通过对其发育机理的深入研究，完善预报模型和方法，建立斜坡类地质灾害预报预警系统，实现对斜坡类地质灾害的自动化综合预报，及时发布地质灾害气象风险分析预警。

三、打造地质灾害信息管理系统

建立完善的地质灾害信息管理系统，科学化管理地质灾害资料，保证各种资料的完整性、真实性，快速准确地进行各种信息的查询、检索、统计和输出，为地质灾害预防监测、预报预警、应急管理提供完整的资料数据和科学的分析数据，为各级地质灾害管理部门提供共享信息和辅助决策信息。

一是建设地质灾害信息自动采集系统。改变传统的依靠人工调查、测量、记录的野外地质数据采集手段，建立以平板电脑为终端，基于 Android 系统和移动“3S”技术的地质灾害调查野外数据采集系统。采用移动计算、“3S”和无线网络等技术快速高效进行野外地质数据测量采集，实现地质灾害数据野外采集的自动化、数字化。通过地质灾害信息自动采集系统的地质灾害调查野外观测定点、调查表填写、实体勾绘、平剖面图绘制、拍照记录、调查路线采集等功能，及时获得现场的文字、图像等第一手资料信息，并及时送回室内分析和决策，实现野外调查数据库“一键式”导出对接与应用，提高野外地质灾害调查、预报和应急的工作效率和精度，以满足当前地质灾害防治工作的需要。

二是开展地质信息管理与服务系统开发研究。在深圳市地质灾害空间数据库的基础上，结合国家相关工作要求（丁全利，2017），吸收借鉴现有城市地质信息管理服务系统优点（于军等，2016；贾佳佳等，2017），研究建立深圳市地质信息管理与服务系统。建立基于 GIS 的地质灾害状况和地质灾害管理公众自由查询系统，实现对地质灾害监测信息的采集、存储、传输、处理及成果发布等全过程的有效管理与监控，提高处理突发事件的能力和地质灾害防治水平。充分利用现代数据库技术、GIS 技术、三维可视化技术及计算机网络技术，建立一个集信息管理和三维空间可视化分析于一体的智能化城市地质信息管理与服务系统，实现深圳市多参数海量三维地质数据的有效存储和管理、三维可视化展示与网络化服务，从而全面提升城市地质服务于城市规划、建设与管理的快速反应能力。在此基础上，进行各种专业研究和各类地质信息的发布，为全市提供地质信息服务，使民众能通过互联网查询任何一个目的区的地质环境状况、地质灾害历史和致灾隐患点的分布、危险性和可能的危害范围，达到地质灾害信息实时查询的目的，实现地质调查数据的可视化管理和社会化服务。

三是建设地质灾害应急体系。在《深圳市突发地质灾害应急预案》的基础上，建立完善的险情监测网络，建立险情、灾情报告制度和灵敏、快速、有效的应急决策机制。依托群测群防体系和社会应急资源，建立应急资源共享平台，广泛发动社会各界群众参与，利用可视化计算机技术，实现应急反应系统的现代化、信息化，发现险情或接到群众险情报告时，能及时组织技术力量赶赴现场进行调查，了解灾情，查明灾害发生的原因和发展趋势，实施应急抢险救灾措施。统筹优化资源，不断加强突发地质灾害应急救援队伍和专家库建设，建立以市、区应急指挥中心为主体，自然资源主管部门提供技术支持的专业化应急工作队伍，并结合群测群防“十有县”建设，探索建立深圳市地质灾害应急志愿者队伍；同时精细选聘应急专家，组建应急专家组，建立完善全市地质灾害应急反应系统，确保随时能承担突发地质灾害应急救援、抢险工作。

四、加强地面坍塌灾害防控

根据引起深圳市地面坍塌灾害发生的原因及特点，深入开展对其防治与管理工作的研究，全面检测，对症下药，有效防范地面坍塌。

一是对建设时间长或缺乏资料、埋深较深、人口密集区的暗渠化河道和其他排水管渠进行系统检测、评估，明确暗渠化河道管理单位。针对全市暗渠化河道渗漏或破裂风险，重点完成破损严重、地面坍塌安全隐患较大的暗渠化河道和排水管渠的改造，需要结合周边建筑改造的，优先纳入城市更新范围。新建暗渠化河道、排水管渠等纳入城市建设档案，加强设计、施工、运行全过程建设和维护管理。

二是对城中村、旧工业区的老旧排水、雨水、污水管网进行隐患全面排查、整治，对轨道施工易造成地下空洞的影响范围、大型排水管渠和深基坑影响范围进行探查，实施治理，重点加强全市Ⅰ级排水管网隐患点和Ⅰ级污水管网隐患点防控治理。健全排水管渠管理机制，实施市场化、专业化运营维护，加强市政红线外排水管网排查整治，完善排水管渠运营维护技术规范。

三是强化地铁、地下管线等地下工程规划建设监管，严格落实对开挖工程进行回填、压实。尽快出台《深圳市地下管线管理办法》，制订地下设施建设标准，建立统一的地下空间信息系统，建立健全档案管理机制，推进档案信息化和资源共享。加强开挖面的地质研究和预测，通过设计图纸等相关资料和现场调查，以及对区间进行地下管线的探查，详细了解区间的管线情况。制订科学合理的管线保护及加固方案，提前对管线的受力和变形进行预测分析，并评价其安全性，制订科学合理的管线变形控制标准。对于无法满足控制标准的管线，应在隧道施工前进行加固，以提高其抗变形能力；对于影响施工安全的管线，在隧道施工前应该采用有效的措施进行治理。出现地面塌陷时，及时分析塌陷原因，有针对性地进行塌陷处理，可采取地面回填混凝土对坑洞进行回填，以期减少或预防类似事故的发生。

四是加强建筑施工深基坑工程监管。加强深基坑工程的地质研究和预测，参照勘察设计报告，对于岩层变化较大、软弱地层、砂层等不良地质情况，进行补充地质钻探，对探明的不良地质体进行改良加固，并将所有探明的溶（土）洞在地质纵断面图中标识清楚，防止支护不力引起的地面塌陷和边坡失稳，降低灾害风险；严格监管在建建设工程质量，加强对施工支护方案的评审，并根据实际情况及时调整支护方案；严格对边坡及暗挖通道的水平位移、垂直变形的日常测量，详尽分析测量数据并及时上报；建立完善工程质量责任终身制，对因违反有关规定造成工程质量问题和地面坍塌事故的，依法追究相关单位责任。

五是健全道路管理机制。建立道路地下空洞定期检查制度，对道路坍塌隐患进行监测预警；研究制订地下空洞检测、治理技术规范。对城市道路地下空洞、旧沟进行系统调查和安全评估，对评估认为有安全隐患的进行灌浆或开挖填充处理。另外，由于机动车辆（尤其重载）是诱发机动车道路面塌陷的重要外因，机动车道路面在大型重型车辆长期反复碾压、振动作用下路面下易形成脱空区，加上长期运营、雨水渗漏等原因使下部脱空区附近水土流失加快，最终形成较大体积空洞，进而加速塌陷发展进程。因此，提高路基施工质量的同时，要强化道路车辆管理，严格控制不同路段的路面车辆载重。

六是减少地下水的抽取。加强地下水监测和管理。建立完善地下水动态监测机制，加强地下水环境保护，严格控制开采地下水，严厉查处私采地下水等行为。通过对机井工程孔内地下水水位及天然出露点情况进行实时监测，判断区域地下水年度变化情况，以确定地下水资源开采是否超量，实时调整地下水开采量。科学进行地下水人工回灌，在最短的时间内提高地下水位，降低有效应力，实现承压含水层应力的平衡，防止地面坍塌事故发生。

第四节 建立环境污染风险源防控管理体系

根据环境污染风险源识别与评估得出的结论，工业废水、固体废物、危险化学品、其他环境污染类物质是造成深圳市环境污染风险的主要来源，因此，针对不同的污染源提出相应的合理管控措施，可从源头防控环境污染。

一、严格管控工业废水污染风险

一是淘汰落后产能，严格防控重金属污染。建立健全落后产能退出机制，制订并实施分流域、分年度淘汰落后产能实施方案，逐步淘汰茅洲河、坪山河、观澜河、龙岗河流域内的不符合产业政策或环保不达标重污染企业，促进流域内重污染企业产业转型升级。同时，对宝安区沙井、福永、松岗等街道内的工业集聚区要建立污水集中处理设施，并安装自动在线监控装置。集聚区内工业废水必须经预处理达到集中处理要求，方可进入污水集中处理设施。大力推进电镀、金属制品、造纸、纺织印染、制革、化工等重污染行业以及高水耗、高污染、低产出等落后产能的淘汰。严格实施重金属污染分区防控，对沙井、福永、松岗、坪地、龙岗等街道电镀重点防控区实施“治旧控新、总量减排”的策略，全面推进重金属污染综合防治；将饮用水水源保护区作为特殊控制区，加强现有重污染企业的清理整顿。对其他非重点防控区实施“循序渐进、防治结合”策略。全面调查区域重金属污染历史遗留问题，推进重点区域遗留问题解决。

二是积极引导低水耗、低排放环保产业发展。强化项目节水减排的前期管理，在《深圳市产业结构调整优化和产业导向目录（2016 年修订）》中，坚持将万元 GDP 用水量作为产业导向目录的核心指标；在投资立项等产业准入中强化水资源的刚性约束，控制新增项目用水总量。制定水源保护区限制和禁止类产业名录，限期淘汰禁止类企业，大力扶持发展低耗水、低污染、零排放的环保产业。全面排查装备水平低、环保设施差的“十小”工业企业。加快取缔不符合产业政策等严重污染水环境的生产项目。

三是全面推进清洁生产。加大企业清洁生产技术改造实施力度，加快淘汰落后工艺技术和生产设备，采用源头减量、末端减排及全过程控制等先进成熟的清洁生产技术、工艺和设备，对印染、电镀、原料药制造等行业企业实施清洁化改造，减少有毒有害物质和污染物排放。制定相关经济政策，通过材料价格、能源价格及税收优惠，吸引和鼓励企业开展清洁生产。建立企业清洁生产名录，拓展清洁生产审核领域，鼓励重点行业及企业建立清洁生产技术研发中心，提高企业清洁生产水平。

四是制订风险防范措施，建立应急保障体系。根据河道、水库水源地的特点，开展包括重点工业污染源、污染治理设施风险和内源污染风险等风险源调查，建立风险源清单，制订风险防范措施，增强风险防范能力。定期开展工业集聚区的环境和健康风险评估，落实防控措施。加强河流水环境和重点工业污染源的实时在线监测监控系统的建设和监测数据应用管理，及时获取真实反映水环境情况的数据，并通过网络通信技术及时发送给相关职能部门和人员进行处理。推动建立饮用水水源地污染预警。加强社会公众参与力度，鼓励公众通过各种有效渠道及时向相关部门反映河流水环境的污染情况，监督河流水环境的治理情况。

二、加强固体废物污染防控

一是强化危险废物管理的监管与服务。全面推进危险废物规范化管理工作，每年定期组织对全市危险废物产生量 1～10 t 的企业进行危险废物管理培训。依据企业危险废物产生量制订分级日常监管措施，并组织危险废物专项检查，加强对危险废物环境违法行为、环境安全隐患的查处工作，消除危险废物环境安全事故隐患。重点强化对全市危险废物产生量大的 10 家单位的监督管理。加强对危险废物经营单位的管理，强化对全市 10 家经营单位的日常监管及年度评审工作，严格审查各危险废物处置单位的收集、运输、利用、处理处置及守法经营、污染治理、环境安全隐患等各个环节；督促各经营单位加大投入，提升环境治理和企业管理水平。提高现有危险废物处理设施的技术，控制并减少危险废物的二次污染。推进深圳市危险废物处理站搬迁，加快推进该站松岗基地迁建项目和安全填埋场二期废水处理站建设，重点规划建设针对有机溶剂、废矿物油等 4 个类别的危险废物处置设施，控制危险废物处理处置企业的潜在环境风险。

二是高标准建设生活垃圾、医疗垃圾等处理设施。打造“蓝色垃圾焚烧厂”，全面升级改造现有固体废物处理设施，高标准配套渗滤液、飞灰等二次污染治理设施，加快建成东部环保电厂、老虎坑垃圾环保电厂三期工程等生活垃圾资源化设施。要以改善居民感受、打造和谐环境为重点对现有设施进行提升改造，全面提高固体废物处理设施的污染控制和运行管理水平，降低排放强度，基本消除固体废物处理设施二次污染扰民现象，使环境基础设施真正成为改善环境质量的民心工程和人与自然和谐相处的典范工程。制定餐厨垃圾配套管理机制，规范分类；积极推进餐厨垃圾单独收运处理工作，加快推进已规划的 6 座餐厨垃圾综合利用设施建设。完善医疗废物收集处理体系，开展医疗废物焚烧处置设施建设前期研究，继续高标准扩建医疗废物焚烧设施，确保全市医疗废物得到妥善处理。

三是建立固体废物处置设施驻点监督模式，推行联网监控。将原市政环卫综合处理厂从事运行管理的事业单位人员转变职能，改为驻点监督人员，整合城管、环保相关职能，在清水河、老虎坑、白鸽湖、坪山、红花岭五大环境园敏感设施实施驻点监督，重点监督固体废物运输、处理过程及污染物指标排放情况，全面提升固体废物的运输、处理水平。参照国控重点污染源监管要求，对各类固体废物处理设施实行 24 h 联网监控。在垃圾填埋场、垃圾焚烧厂、餐厨垃圾处理厂等易产生臭气或地下水污染的环境敏感点设立环境质量监测点位，重点对全市老虎坑垃圾填埋场、焚烧厂、下坪固体废物填埋场、危险废物产生量大的 10 家单位进行监测与监控。

四是建立动态考核评价体系及调整机制。参照国际先进标准，结合全过程管理和控制的要求，制定各类固体废物处理设施污染控制及管理规范的深圳标准，并定期对各类固体废物处理设施运行管理水平和效果进行考核评价。根据国家有关环保政策及周边环境改造需求，每隔 3 年对固体废物处理设施提升改造的必要性及运行费用标准进行评估，并根据评估结果适当调整有关合约处置收费标准，保障设施高标准运行。

五是建立建筑废弃物分类利用体系。建立健全建筑废弃物综合利用扶持政策体系，加大再生建筑材料产品销售和使用的扶持力度，根据建筑垃圾消耗量对建筑垃圾综合利用行业进行补贴。鼓励从事建筑垃圾处理的企业向前端延伸，打造“拆除—收运—再生利用”一体化运行模式。完善建筑废弃物处置信息平台，打通工程弃土、建筑垃圾及再生建筑材料供求信息通道，提高建筑废弃物综合利用效率。落实建筑废弃物分类排放指引，按照分类效果，对产生建筑垃圾的单位或个人实施阶梯式建筑废弃物处置缴费制度。在城市更新时，将拆除过程中产生的建筑废弃物处理处置方案及建设过程中再生建筑材料的使用率作为监管考核指标。

三、建立危险化学品环境风险防控体系

一是推行企业环境风险分级管理。加强对危险化学品物质运输、生产、使用、储运及废弃全过程的风险防范。重点排查全市汽油库（罐）区、液氨储罐、合成液化气厂、液化天然气库区、燃气储备站、饮用水水源周边氯库、民爆、剧毒品仓库等重大危险源。实行分级定期检查制度，针对全市一级重大危险化学品风险源，每季度检查不少于 2 次，其他重大危险源（二级到四级）每季度不少于 1 次。实行危险化学品重大危险源定期检查通报制度，每半年通过信息网络、新闻传媒、政务公开栏、业主会等方式，将安全生产检查结果和生产经营单位隐患排查、治理等情况向社会公开，对重大风险源单位检查和查处情况进行通报。建设危险化学品“生产—运输—贮藏”相结合的环境风险动态监控体系，重点防控江河沿岸、饮用水水源地等环境敏感区域内的危险化学品生产和经营单位。强化档案管理，全面掌握全市危险化学品生产和经营企业的生产规模、条件、产品品种和质量管理状况等基本情况，建立完善危险化学品安全监管档案，实行一企一档。按照风险等级，用红、黄、绿三色对监管档案进行分类管理。依据监管档案分类管理，实行“红档”危险化学品生产和经营企业领导挂点制度。严格按照《安全生产法》规定，进一步加强有关建设项目规划、设计环节的安全审核把关，提高生产、贮存、装卸危险物品等高风险项目企业的准入门槛，对不具备安全生产条件或列入安全生产负面清单的企业或项目，一律不得审批通过。

二是构建加油站土壤环境安全风险防控体系。首先，要将全市 273 家加油站的土壤环境安全风险防控体系建设提上重要议事日程，在全市范围内选取几个运营时间较长的加油站开展土壤污染防控体系建设试点工作，进行全方位的土壤监测。其次，设立专项资金，对全市现有的加油站附近以及加油站上下游范围内的土壤和地下水质量进行本底调查，并将检测报告备案，建立加油站的土壤及地下水环境质量档案。再次，根据调查结果，将加油站进行分类，并制订土壤污染环境风险控制方案。对于有污染的区域，明确污染产生的源头，采取合理措施控制

污染产生的风险。最后，要求石油公司在进行新建、改建、扩建加油站以及出让或改变加油站场地用途等商业交易时，需要针对加油站所在区域场地的土壤和地下水质量情况进行记录，同时进行备案，建立土壤质量信息数据库和区域土壤污染档案。

三是尽快出台《深圳市化学品环境管理法》。针对化学品的特殊性专门立法是化学品环境风险防控最重要的基石。专门针对化学品的全过程管理进行立法，尽快出台《深圳市化学品环境管理法》及配套法规和相关制度，对化学品实施有效的风险评估和管理，从源头预防和控制化学品风险。通过立法切实提高对化学品环境风险防控在环保、安全工作中的重要地位及特殊性的认识，实现涵盖从化学品生产、贮存、运输、使用，直至废弃处置活动的全生命周期管理。

四是提高政府对环境风险的管理与应急能力和效率。首先，将环境风险管理纳入深圳市各级政府的重要议事日程，以及政绩考核体系。通过一定的政策保障和引导，从根源上降低环境风险事件发生的可能性；其次，以信息平台建设为途径，建立环境风险管理与应急系统，建立以现代科技为支撑，集监测、预警与应急于一体的环境风险管理系统。针对高风险地区、重点防控行业和企业、高危害特征污染物，建立起快速响应、科学应急、跨部门联动的环境风险应急响应体系。最后，建立及时、全面、公正的信息公开体系，逐步建立涵盖不同主体的风险交流和利益诉求渠道，充分保障受害者的切身利益，防止和降低突发事件带来的社会风险。同时，强化风险责任追究和处罚，建立安全风险责任终身追究制，切实落实企业主体责任，建立起安全风险损害赔偿标准，推进赔偿制度规范化，完善企业风险责任险制度，加强政策执行力度。

第五节　加强外来入侵物种防治

根据深圳市2015年外来物种调查数据，目前深圳市林业上外来入侵物种危害最严重的为薇甘菊。在薇甘菊入侵的防治方面，深圳市采用物理、化学防治为主，结合简单生物防治的方法，也曾采取有偿清理薇甘菊，开展义务劳动或志愿者活动人工清除薇甘菊等方式，但效果不理想。事实上，对于薇甘菊这种极易传播和蔓延的入侵物种，在早期刚开始入侵时采取主动监控和坚决防治才是防止薇甘菊危害本区域的最佳时机。因此，本书根据深圳市实际情况并结合薇甘菊入侵风险评估结果，提出薇甘菊早期防控对策。

一、严格口岸物种检验检疫

检疫是防范生物入侵的第一道防线，动植物检验检疫是有效阻断生物入侵的主要措施。完善深圳市引种检疫审批和监管制度，不断提高审批的可靠性及科学性，才能有效防范薇甘菊等外来物种入侵。

一是健全物种资源查验机构，创新物种资源检验检疫模式。研究确定深圳出入境检验检疫局在出入境生物物种资源查验中的职能定位，明确监管权责，为出入境生物物种资源查验提供组织保障，健全检验检疫机构、出入境生物物种资源查验机构配置，建立查验体系和具体操作规程，与其他查验部门做到分工明确、监管协作。明确出入境物种资源管控工作中邮政、快件和其他承运单位对所承运出入境物品的验视责任，加大对非法邮寄及夹带违禁生物物种资源出入境行为的处罚力度。充分发挥互联网物种资源信息整合共享和高效利用的特点，推动管制物种资源多部门信息互联互通、监管协作，建立检验检疫机构与邮政、快件和其他承运单位之间的信息共享机制。

二是制定物种资源管制名录，提高物种资源检验检疫效能。深圳市应根据国家公布的物种资源保护名录以及国际公约列明的物种资源保护名录，尽快制定并公布适用于出入境检验检疫的生物物种管制名录。名录上的物种资源要依据有关法律法规规定，建立出入境管制相应配套管理措施，以提高生物物种资源检验检疫效能。

三是完善生物物种资源口岸查验和后续监管等制度。必须正视出入境生物物种资源查验遭遇的困境，完善生物物种资源出入境管理制度，通过制度来规范生物物种资源保护工作。从制度层面界定出入境生物物种资源违法行为和处罚依据，加大相关违法行为的惩处力度，完善查验制度，明确检验执法的地位和查验模式（王峰，2012）。建立出入境生物物种资源公共申报平台，全面强化综合预检、进一步加强对入境的各种交通工具如列车、汽车、轮船和旅游者携带的行李以及各种货物的检查工作，防止无意带入包括薇甘菊在内的外来生物。

四是加强科技开发和人才培养。加强检疫技术标准基础建设，加大技术科研攻关，研发物种资源检验检疫鉴定新技术，逐步建立起科学合理、实用高效的技术标准体系。加快生物物种资源检验技术体系建设，建立有专业优势的特定物种鉴定实验室。加强人才队伍基础建设，加大专业人才引进和培养力度，建立物种资源检验检疫专家库。提高一线查验人员的识别能力及实验室队伍的鉴定能力，全面实现动植物检疫岗位资质认定。加强网络平台基础建设，利用网络便捷性推动生物物种资源信息共享和远程鉴定，为口岸查验提供技术支撑。合理增加出入境生物物种资源查验一线执法队伍编制，有计划地引进动物、植物、微生物等领域主要物种资源的分类、鉴定专业人才。

二、重点防控极高风险区薇甘菊蔓延

薇甘菊繁殖能力和扩散能力极强，一旦大面积扩散，就不可能根除。这就决定了对薇甘菊大面积入侵地尤其是已造成区域性危害的地段，根除已经不可能，应采取持久战而非速决战，防止薇甘菊入侵新区域是防治的重中之重（李鸣光等，2012）。对于薇甘菊入侵的防范策略是防重于治、先轻后重、先缓后急。

一是优先治理轻度入侵地和那些能向周边区域扩散的点、线、片入侵源，包括公路绿化带沿线、河流沿岸及供应各地绿化树种的苗圃等。而受自然环境限制不具备种子远距离传播且人类活动又少的区域，如荒山、次生林等，暂缓治理并不会导致薇甘菊的扩散，但应重点加强监测和监管。

二是在针对薇甘菊入侵极高风险区域可酌情根据实际情况设立一批重点监控区。如深圳梧桐山、仙湖植物园、深圳水库周围等生态敏感区，薇甘菊危害发生率已经高达60%，这些区域应作为重点防治蔓延的优先防治区，采用人工物理清除与化学除草相结合的方式防范薇甘菊的入侵及蔓延至新的区域。以减轻被覆盖农林作物和生态林的受害程度为主，并逐步改造成薇甘菊不宜生长的生境，包括采用田野菟丝子寄生控制和群落改造控制等，逐步减轻已受害区域的受害程度。

三、开展薇甘菊适生地调查

弄清薇甘菊适生地分布，是防治薇甘菊入侵的基础。首先，开展深圳市薇甘菊的适生地调查，重点调查辖区内风景林、水库旁、道路两旁、公园绿化带、经济林。其次，在适生地范围内，某一区域出现少量薇甘菊分布是其入侵的早期征兆，此时采取快速的根除措施所需投入最小，时机最合适，效果最佳；如果适生地区域内没有出现薇甘菊，应尽快增加原有树种的密度或增加其他适宜物种。最后，保护适生地植被，适当进行植被复绿，增加植被覆盖率，提高次生林郁闭度，从根源上防止薇甘菊入侵。

四、建立薇甘菊防治示范区

建立薇甘菊防治示范区不仅有利于传播正确的防治方法，而且通过成功的示范，可提高居民对薇甘菊的防治意识。针对已经被严重入侵且极易向周围区域扩散的极高风险区和高风险区，薇甘菊防治示范区建立面积不宜过大（小于 1 hm^2）；对于位于公路边、水源区的防治示范区还可成为多部门联合治理薇甘菊的样板。针对薇甘菊入侵严重的不具备急速传播的极高风险区，根据实地情况，可建 1～10 hm^2 的防治示范区，通过寄生植物控制和群落改造控制为主，辅以人工抚育和少量化学除草等综合措施，但不需根除薇甘菊，以约 3 年后建成具备抗薇甘菊危害的群落为目标。对于中低风险区，建立较大连片防治区域（几十公顷），以人工拔除辅以化学除草彻底杀灭所有薇甘菊为宗旨。以示范区为平台，探索薇甘菊防治新手段、新方法，如积极采取生物防治方法控制薇甘菊入侵，并开展试验。依托示范区，可开展薇甘菊防治宣传活动、讲座、媒体报道等，用浅显易懂的语言和图像通过各种媒体（墙报、报纸、电台、电视、网络）宣传，使民众不仅了解薇甘菊的危害，也了解正确的防治方法。

参考文献

[1] 卜风贤. 1996. 灾害分类体系研究[J]. 灾害学，11（1）：6-10.

[2] 陈晨. 2019. 地质雷达在城市道路塌陷灾害中的应用[J]. 科技风，（18）：106-107.

[3] 陈桂香. 2007. 城市生命线系统的非工程减灾措施研究[D]. 上海：同济大学.

[4] 陈珂. 2013. 长江三角洲自然灾害数据库建设与风险评估研究[D]. 上海：华东师范大学.

[5] 陈明春. 2018. 基于多源数据的城市高温灾害风险评估及规划应对——以重庆市中心城区为例[D]. 重庆：重庆大学.

[6] 丁全利. 2017-07-12. 构建全国统一的地质资料信息管理服务系统[N]. 中国国土资源报.

[7] 杜一. 1988. 灾害与灾害经济[M]. 北京：中国城市经济社会出版社.

[8] 端义宏，陈联寿，许映龙，等. 2012. 我国台风监测预报预警体系的现状及建议[J]. 中国工程科学，14（9）：4-9.

[9] 董铭鑫，赵东风，贾进章. 2019. 基于模糊综合评价-集值统计法的大型商场外因火灾风险性分析[J]. 安全与环境学报，（1）：29-34.

[10] 范志伟，程汉亭，沈奕德，等. 2010. 海南薇甘菊调查监测及其风险评估[J]. 热带作物学报，31（9）：1596-1601.

[11] 方朝丰. 2018. 广东省地质灾害防治现状和对策研究[J]. 西部资源，（4）：112-114.

[12] 冯祥源. 2014. 滨海城市综合灾害风险管理——以滨海新区为例[D]. 天津：天津大学.

[13] 高庆华. 2008. 自然灾害系统与减灾系统工程[M]. 北京：气象出版社.

[14] 高祥荣. 2013. “桑迪”过程中美国政府公共危机应对措施述评[J]. 安徽行政学院学报，4（2）：11-15.

[15] 高岩. 2014. 城市地下空间工程施工安全影响因素分析[D]. 长春：吉林建筑大学.

[16] 郭济. 2005. 中央和大城市政府应急机制建设[M]. 北京：中国人民大学出版社.

[17] 郭小东，苏经宇，马东辉，等. 2004. 建立现代城市的安全保障与重大灾害应急响应体系的原则和对策[A]//2004 年城市规划年会论文集[C]. 815-819.

[18] 黄晓军，黄馨，崔彩兰，等. 2014. 社会脆弱性概念、分析框架与评价方法[J]. 地理科学进展，33（11）：1512-1525.

[19] 姬怡微，李成，高帅，等. 2018. 陕西省韩城市地质灾害风险评估[J]. 灾害学，33（3）：194-200.

[20] 贾佳佳，贾超，韩建江，等. 2017. 菏泽市城市地质信息管理与服务系统分析[J]. 水科学与工程技术，（5）：57-60.

[21] 蒋亮. 2013-04-20. 成都地震预警技术提前 28 秒预警芦山地震[N]. 中国新闻网.

[22] 焦圆圆，谢志高. 2014. 深圳市暴雨洪涝灾害风险评估与区划[J]. 中国农村水利水电，（1）：77-80.

[23] 金萍. 2004. 危险废物风险评估体系及管理模式的研究[D]. 合肥：合肥工业大学.

[24] 金子史朗. 1981. 世界大灾害[M]. 济南：山东科学技术出版社.

[25] 孔国辉，吴七根，胡启明. 2000. 外来杂草薇甘菊（*Mikania micrantha* H. B. K. ）在我国的出现[J]. 热带亚热带植物学报，（1）：27.

[26] 蓝枫. 2017. 谋划长远统筹推进海绵城市建设[J]. 城乡建设，（15）：18-21.

[27] 黎健. 2006. 美国的灾害应急管理及其对我国相关工作的启示[J]. 自然灾害学报，（4）：33-38.

[28] 李利. 2019. 浅谈危险化学品的特性及扑救措施[J]. 城市周刊，（14）：11.

[29] 李林涛，徐宗学，庞博，等. 2012. 中国洪灾风险区划研究[J]. 水利学报，43（1）：22-30.

[30] 李鸣光，鲁尔贝，郭强，等. 2012. 入侵种薇甘菊防治措施及策略评估[J]. 生态学报，32（10）：3240-3251.

[31] 李绍鸿. 2010. 香港甲型 H1N1 流感预防与控制[J]. 中国预防医学杂志，11（4）：325-327.

[32] 李树刚. 2015. 灾害学[M]. 北京：煤炭工业出版社.

[33] 李向然. 2019. 查出地灾建台账 群测群防见成效——贵州省兴义市成功处置山体滑坡给我们的启示[J]. 吉林劳动保护，（3）：44-45.

[34] 李艳辉. 2012. 我国自然灾害类突发事件应急管理研究[D]. 上海：东华大学.

[35] 李一农，李芳荣，娄定风，等. 2007. 深圳香港两地外来植物有害生物入侵现状[J]. 植物检疫，21（1）：29-31.

[36] 李永善. 1986. 灾害系统与灾害学探讨[J]. 灾害学，（1）：17-21.

[37] 廖春贵，熊小菊，胡宝清. 2017. 广西暴雨洪涝灾害的暴露度与脆弱性时空特征[J]. 福建

农业科技，48（4）：1-5.

[38] 李嘉莉. 2017. 台风灾害下广东省沿海城市生命线系统安全规划研究[D]. 广州：华南理工大学.

[39] 刘爱华. 2013. 城市灾害链动力学演变模型与灾害链风险评估方法的研究[D]. 长沙：中南大学.

[40] 刘俊武，江世宏，白晓庆，等. 2010. 深圳市福田区薇甘菊发生危害情况调查[J]. 江西农业学报，22（6）：118-119.

[41] 刘仁义，刘南. 2002. 基于 GIS 技术的淹没区确定方法及虚拟现实表达[J]. 浙江大学学报：理学版，（5）：93-98.

[42] 刘铮，党春阁，宋丹娜，等. 2019. 日本大气污染防治的经验与启示——以川崎市为例[J]. 环境保护，47（8）：70-73.

[43] 柳永政. 2013. 承灾体脆弱性知识建模及其对灾害扩散的影响[D]. 大连：大连理工大学.

[44] 鲁钰雯，翟国方，周姝天，等. 2019. 基于多源数据的城市火灾风险评估及应用——以厦门市为例[J]. 灾害学，34（1）：215-221.

[45] 罗祖德，徐长乐. 1996. 防灾减灾是人类迈向 21 世纪的重大使命[J]. 科学与科学技术管理，（10）：35-38.

[46] 马宗晋. 1990. 自然灾害与减灾 600 问[M]. 北京：地震出版社.

[47] 毛小苓，张歆. 2004. 面向社区的全过程风险管理体系[C]. 风险分析专业委员会年会.

[48] 欧阳小芽. 2010. 城市灾害综合风险评价[D]. 赣州：江西理工大学.

[49] 彭珂珊. 2000. 我国主要自然灾害的类型及特点分析[J]. 北京联合大学学报：自然科学版，（3）：59-65.

[50] 蒲霜. 2016. 广东四市林业外来植物入侵风险评价[D]. 广州：华南农业大学.

[51] 乔青，高吉喜，王维，等. 2008. 生态脆弱性综合评价方法与应用[J]. 环境科学研究，21（5）：117-123.

[52] 屈红刚，潘懋，刘学清，等. 2015. 城市三维地质建模及其在城镇化建设中的应用[J]. 地质通报，34（7）：1350-1358.

[53] 邵志芳，赵厚本，邱少松，等. 2006. 深圳市主要外来入侵植物调查及治理状况[J]. 生态环境学报，15（3）：587-593.

[54] 申曙光. 1994. 现代灾害、灾害研究与灾害学[J]. 灾害学，9（3）：17-23.

[55] 盛海洋. 2003. 我国自然灾害特征及其减灾对策[J]. 水土保持研究，(4)：269-271.

[56] 史培军. 1991. 论九十年代灾害学[J]. 地理新论，6（1)：79-82.

[57] 史培军. 2009. 五论灾害系统研究的理论与实践[J]. 自然灾害学报，18（5)：1-9.

[58] 史培军，李宁，叶谦，等. 2009. 全球环境变化与综合灾害风险防范研究[J]. 地球科学进展，24（4)：428-435.

[59] 史培军，吕丽莉，汪明，等. 2014. 灾害系统：灾害群、灾害链、灾害遭遇[J]. 自然灾害学报，23（6)：1-12.

[60] 史培军，邵利铎，赵智国，等. 2007. 论综合灾害风险防范模式——寻求全球变化影响的适应性对策[J]. 地学前缘，(6)：43-53.

[61] 史培军，虞立红，张素娟. 1989. 国内外自然灾害研究综述及我国近期对策[J]. 干旱区资源与环境，(3)：163-172.

[62] 宋乃平. 1992. 灾害和灾害学体系及其研究方法[J]. 自然杂志，(2)：118-120.

[63] 苏伯尼，黄弘，张楠. 2015. 基于情景模拟的城市内涝动态风险评估方法[J]. 清华大学学报：自然科学版，55（6)：684-690.

[64] 苏飞，张平宇. 2009. 石油城市经济系统脆弱性评价——以大庆市为例[J]. 自然资源学报，(7)：1267-1274.

[65] 孙海. 2013. 滨海城市自然灾害风险评估与控制方法的基础研究[D]. 青岛：中国海洋大学.

[66] 谈建国，郑有飞. 2013. 我国主要城市高温热浪时空分布特征[J]. 气象科技，41（2)：347-351.

[67] 谭少华，高银宝，杨培峰，等. 2019. 精准高效、共建联防：山地城市灾害识别、综合防治及空间响应——恩施市中心城区的实践[J]. 山地学报，(3)：409-423.

[68] 唐波，刘希林，尚志海. 2012. 城市灾害易损性及其评价指标[J]. 灾害学，27（4)：6-11.

[69] 唐川. 2003. 城市减灾研究综述[J]. 云南地理环境研究，(3)：1-6.

[70] 王加军. 2018. 浅谈危险化学品的特性及扑救措施[J]. 化工管理，(30)：56.

[71] 王峰. 2012. 湖北省入侵生物发生现状及治理对策研究[D]. 荆州：长江大学.

[72] 王虹. 2012. 飓风“桑迪”袭击美国[J]. 中国防汛抗旱，22（6)：74-76.

[73] 王立丽，林文. 2011. 我国灾害事件三层分类体系的研究分析[J]. 自然灾害学报，(6)：1-5.

[74] 王连生. 1995. 环境化学进展[M]. 北京：化学工业出版社.

[75] 王绍玉，冯百侠. 2005. 城市灾害应急与管理[M]. 重庆：重庆出版社.

[76] 王绍玉，唐桂娟. 2009. 综合自然灾害风险管理理论依据探析[J]. 自然灾害学报，（2）：33-38.

[77] 王岩. 2014. 城市脆弱性的综合评价与调控研究[D]. 北京：中国科学院大学.

[78] 王艳君，高超，王安乾，等. 2014. 中国暴雨洪涝灾害的暴露度与脆弱性时空变化特征[J]. 气候变化研究进展，（6）：391-398.

[79] 王迎春，郑大玮，李青春. 2009. 城市气象灾害[M]. 北京：气象出版社.

[80] 王佐霖，邓辉，李瑜. 2015. 深圳市级自然保护区有害生物防控措施研究[J]. 绿色科技，（8）：1-5.

[81] 王欣. 2018. 变化环境下城市内涝灾害形成机理与防治策略研究[D]. 焦作：河南理工大学.

[82] 魏国孝，马金珠，赵华，等. 2004. 甘肃省生态环境综合评价指标体系研究[J]. 干旱区资源与环境，（S2）：7-11.

[83] 温泉沛，霍治国，周月华，等. 2015. 南方洪涝灾害综合风险评估[J]. 生态学杂志，（10）：2900-2906.

[84] 吴树仁，石菊松，张春山，等. 2009. 地质灾害风险评估技术指南初论[J]. 地质通报，（8）：995-1005.

[85] 吴亚玲，孙石阳，刘淑琼. 2015. 深圳市建立环境变化背景下的气象灾害综合防御体系的思考[J]. 广东气象，37（1）：44-46.

[86] 肖渝. 2017. 美国灾害管理百年经验谈——城市规划防灾减灾[J]. 科技导报，35（5）：24-30.

[87] 谢翠娜. 2010. 上海沿海地区台风风暴潮灾害情景模拟及风险评估[D]. 上海：华东师范大学.

[88] 谢德寿. 1994. 城市高温灾害及其预防[J]. 灾害学，（3）：29-33.

[89] 谢梦莉. 2007. 气象灾害风险因素分析与风险评估思路[J]. 气象与减灾研究，30（2）：57-59.

[90] 谢应齐. 1995. 自然灾害与减灾防灾[M]. 北京：中国农业出版社.

[91] 辛吉武，许向春，陈明. 2010. 国外发达国家气象灾害防御机制现状及启示[J]. 中国软科学，（S1）：162-171.

[92] 熊金安，汪磊. 2013. 深圳斜坡类地质灾害特征及成因分析[J]. 地质灾害与环境保护，24（3）：70-75.

[93] 徐波. 2007. 城市防灾减灾规划研究[D]. 上海：同济大学.

[94] 徐军伟，屈添强. 2019. 基于遥感的湖南省地质灾害监测[J]. 国土资源导刊，16（3）：77-81.

[95] 许世远，王军，石纯，等. 2006. 沿海城市自然灾害风险研究[J]. 地理学报，61（2）：127-138.

[96] 许闲，张涵博. 2013. 中国地震灾害损失评估：超概率曲线方法与经验数据[J]. 保险研究，（9）：75-85.

[97] 杨芬，钟豪杰，李灵辉，等. 2010. 广东和香港地区甲型 H1N1 流感流行与防控比较[J]. 华南预防医学，（1）：13-16.

[98] 杨继东. 1995. 环境灾害的特点成因类型及减灾对策[J]. 山东环境，（3）：1-3.

[99] 姚国章，昂玉洋，邓民宪. 2014. 灾害风险评估发展研究[J]. 南京邮电大学学报：社会科学版，16（4）：46-51.

[100] 仪垂祥，史培军. 1995. 自然灾害系统模型——I：理论部分[J]. 自然灾害学报，（3）：6-8.

[101] 易云梅. 2012. 基于 GIS 的桂林市城区洪水灾害风险评价研究[D]. 南宁：广西大学.

[102] 殷杰. 2008. 城市灾害综合风险评估——以上海市为例[D]. 上海：上海师范大学.

[103] 尹世久，吴林海，王晓莉，等. 2017. 中国食品安全发展报告（2016）[M]. 北京：北京大学出版社.

[104] 尹卫霞，王静爱，余瀚，等. 2012. 基于灾害系统理论的地震灾害链研究——中国汶川“5·12”地震和日本福岛“3·11”地震灾害链对比[J]. 防灾科技学院学报，14（2）：1-8.

[105] 尹占娥. 2009. 城市自然灾害风险评估与实证研究[D]. 上海：华东师范大学.

[106] 应急管理部消防救援局. 2019. 火灾统计资料[R].

[107] 于军，龚绪龙，常影，等. 2016. 苏州三维城市地质信息管理与服务系统框架与应用[J]. 地质学刊，（4）：116-122.

[108] 于洋，陈钢铁. 2014. 灾害情况下城市路段阻抗性人群应急疏散研究[J]. 中国安全科学学报，（3）：162-166.

[109] 余世舟，赵振东，钟江荣. 2004. 基于 G1S 确定城市地震次生火灾高危区方法的研究[J]. 地震工程与工程振动，24（2）：176-180.

[110] 张波，李洪斌，冯风. 1993. 农业灾害学刍论[J]. 西北农林科技大学学报：自然科学版，（2）：1-6.

[111] 张鼎华，李嘉莉，孔云茹. 2018. 台风灾害下广东省沿海城市生命线系统安全规划研究[J]. 广州大学学报：社会科学版，17（2）：27-33.

[112] 张逢生，王雁，闫世明，等. 2011. 浅析城市“热岛效应”的危害及治理措施[J]. 科技情报开发与经济，21（32）：147-149.

[113] 张行南，罗健，陈雷，等. 2000. 中国洪水灾害危险程度区划[J]. 水利学报，31（3）：1-7.

[114] 张继权，冈田宪夫，多多纳裕一. 2006. 综合自然灾害风险管理——全面整合的模式与中国的战略选择[J]. 自然灾害学报，（1）：29-37.

[115] 张俊香，黄崇福. 2005. 自然灾害软风险区划图模式研究[J]. 自然灾害学报，14（6）：20-25.

[116] 张世奇. 2003. 城市灾害应急管理与资源整合[J]. 城市与减灾，（4）：14-17.

[117] 张晓宇，韦波，杨昊宇，等. 2018. 基于GIS的广东省台风灾害风险性评价[J]. 热带气象学报，34（6）：783-790.

[118] 章迪，曹善平，孙建林，等. 2014. 深圳市表层土壤多环芳烃污染及空间分异研究[J]. 环境科学，35（2）：711-718.

[119] 赵亮，何松云，仝德. 2008. 深圳市斜坡类地质灾害发育特征及影响因素分析[J]. 安全与环境工程，（4）：15-17.

[120] 赵庆良，许世远，王军，等. 2009. 基于情景的沿海城市社区暴雨洪水风险危险性评价——以温州龙湾区为例[A]//中国地理学会百年庆典学术论文摘要集[C].

[121] 钟小芹，肖文. 2002. 深圳市洪水灾害分析与减灾对策[J]. 中国农村水利水电，（12）：67-69.

[122] 钟晓青，黄卓，司寰，等. 2004. 深圳内伶仃岛薇甘菊危害的生态经济损失分析[J]. 热带亚热带植物学报，12（2）：167-170.

[123] 邹懿. 2018. 我国消防监督管理改革发展研究[D]. 南昌：江西财经大学.

[124] Adams J. 1995. Risk[M]. London：University College London Press：228.

[125] Adler M，Harris S，Krey M. 2010. Preparing for heat waves in Boston[D]. Boston：Tufts University.

[126] Al-Madhari A F，Keller A Z. 2001. Risk management and disasters[J]. Disaster Prevention & Management An International Journal，5（5）：19-22.

[127] Ammann W J. 2008. Program of international disaster and risk conference[R]. Davos，Switzerland.

[128] Asian Disaster Reduction Center. 2000. Data book on Asian natural disasters in the 20th Century[R]. Kobe：ADRC.

[129] Bruce. 1999. Response interval comparison between urban fire departments and ambulance services[J]. Prehospital Emergency Care，3（1）：15-18.

[130] Blaikie P，Cannon T，Davis I，et al. 1994. At risk：Natural hazards，people's vulnerability，

and disasters[M]. London：Routledge.

[131] Cutter S L. 2003. The vulnerability of science and the science of vulnerability[J]. Annals of the Association of American Geographers，93（1）：1-12.

[132] Crichton D. 1999. The risk triangle[A]//Ingleton J. Natural Disaster Management[C]. London：Tudor Rose：102-103.

[133] Davidson R，Lambert K B. 2001. Comparing the hurricane disaster risk of U. S. coastal counties[J]. Natural Hazards Review，2（3）：132-142.

[134] Dutta D，Tingsanchali T. 2003. Development of loss functions for urban flood risk analysis in bangkok[A]//Tokyo T U O. Proseedings of the 2nd international symposium on new technologies for urban safety of mega cities in asia. 229-238.

[135] Fritz C E. 1961. Disaster[A]//R K Merton，R A Nisbet. Contemporary social problem：An introduction to the sociology of deviant behavior and social disorganization[M]. New York：Harcourt，Brace & World：651-694.

[136] Field C B. 2012. Intergovernmental panel on climate change special report on managing the risks of extreme events and disasters to advance climate change adaptation[M]. New York：Cambridge University Press.

[137] Godschalk D R，Rose A，Mittler E，et al. 2009. Estimating the value of foresight：Aggregate analysis of natural hazard mitigation benefits and costs[J]. Journal of Environmental Planning and Management，52（6）：739-756.

[138] Helm P. 1996. Integrated risk management for natural and technological disasters[J]. Tephra，15（1）：4-13.

[139] Ingleton J. 1999. Natural disaster management[J]. Disaster Prevention and Management：An International Journal，8（2）：148-196.

[140] IRGC. 2006. Geneva：International Risk Govemance Council[C].

[141] Kleist L，Thieken A H，K Hler P，et al. 2006. Estimation of the regional stock of residential buildings as a basis for a comparative risk assessment in Germany[J]. Natural Hazards & Earth System Science，6（4）：541-552.

[142] Lanfant M F，Merton R K，Nisbet R A. 1962. Contemporary social problems：An introduction to the sociology of deviant behavior and social disorganization[J]. American Sociological

Review，3（2）：221.

[143] Maliszewska-Kordybach B. 1996. Polycyclic aromatic hydrocarbons in agricultural soils in Poland: Preliminary proposals for criteria to evaluate the level of soil contamination[J]. Applied Geochemistry，11（1-2）：121-127.

[144] Mileti D. 1999. Disasters by design：a reassessment of natural hazards in the United States[J]. Ameaças，8（10）：699.

[145] Mitchell S L，Kiely D K，Lipsitz L A. 1997. The risk factors and impact on survival of feeding tube placement in nursing home residents with severe cognitive impairment[J]. Archives of Internal Medicine，157（3）：327-332.

[146] Morgan M G，Henrion M. 1992. Uncertainty：A guide to dealing with uncertainty in quantitative risk and policy analysis[M]. New York：Cambridge University.

[147] Pelling M. 2004. Visions of risk: A review of international indicators of disaster risk and its management[R]. ISDR/UNDP：King's College，University of London：1-56.

[148] Pelling M，Maskrey A，Ruiz P，et al. 2004. United Nations Development Programme. A global report reducing disaster risk：A challenge for development[R]. New York：UNDP：1-146.

[149] Petak W I，Atkisson A A. 1982. Natural hazard risk assessment and public policy：Anticipating the unexpected [M]. New York：Spring-Verlag.

[150] Smith D，Petak W J，Atkisson A A，et al. 1984. Natural hazard risk assessment and public policy：Anticipating the unexpected[J]. Geographical Journal，150（3）：383.

[151] Smith K. 1996. Environmental hazards：Assessing risk and reducing disaster[M]. London：Routledge.

[152] Smith R. 2005. Hurricanes reveal necessity for disaster recovery[J]. Texas Banking，94（11）：8.

[153] Thywissen K. 2006. Core terminology of disaster reduction[D]. Tokyo：United Nations University.

[154] UNISDR. 2009. Global assessment report on disaster risk reduction（2009）[M]. Geneva：United Nations International Strategy for Disaster Reduction Secretariat.

[155] United Nations Department of Humanitarian Affairs，Geneva. 1992. Internationally agreed glossary of basic terms related to disaster anagement [DNA/93/36].

[156] United Nations. 2005. World conference on disaster reduction[J]. Prehospital & Disaster Medicine，20（4）：217-218.

[157] Walter J A. 2008. Program of international disaster and risk conference[R]. Davos，Switzerland.

[158] Wilson R，Crouch E A C. 1987. Risk assessment and comparisons：An Introduction[J]. Science，236（4799）：267-270.

[159] Yurkovich E. 2004. A needs assessment focused on defining health and health seeking behaviors of Native American Indians experiencing severe and persistent mental illness. Phase Ⅱ：Preliminary findings[D]. Grand Forks：University of North Dakota.